（第四册）

数学解析教程

SHUXUE JIEXI JIAOCHENG

主 审 李国庆
总主编 于 磊 张 峰
主编 孟凡超 庞烁烁 李小凤

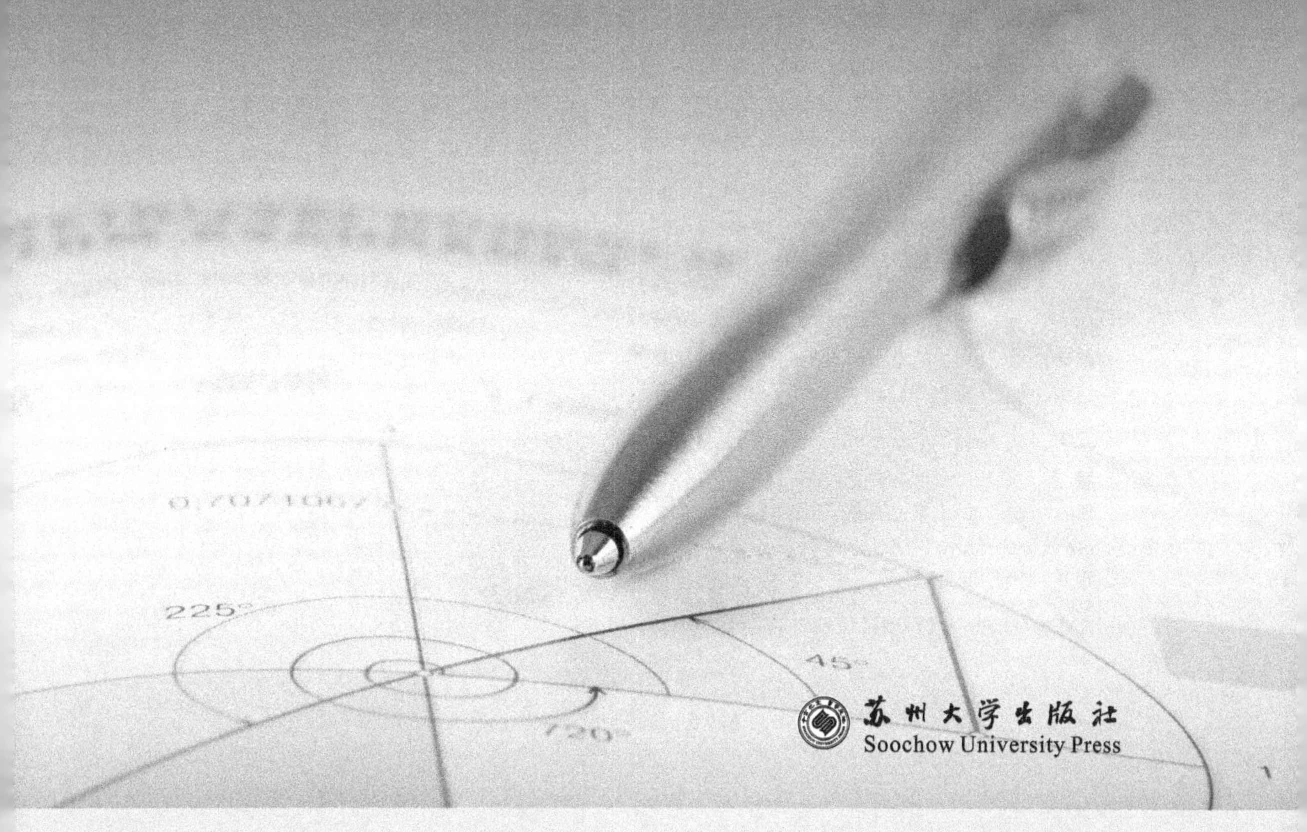

苏州大学出版社
Soochow University Press

图书在版编目(CIP)数据

数学解析教程. 第四册 / 孟凡超，庞烁烁，李小凤主编；于磊，张峰总主编. —苏州：苏州大学出版社，2021.2（2023.1 重印）
ISBN 978-7-5672-3480-2

Ⅰ.①数… Ⅱ.①孟… ②庞… ③李… ④于… ⑤张… Ⅲ.①数学-职业教育-教材 Ⅳ.①O1

中国版本图书馆 CIP 数据核字(2021)第 029228 号

书　　名：数学解析教程(第四册)

主　　编：孟凡超　庞烁烁　李小凤
责任编辑：周建兰
封面设计：吴　钰

出版发行：苏州大学出版社(Soochow University Press)
社　　址：苏州市十梓街 1 号　**邮编**：215006
印　　装：广东虎彩云印刷有限公司
网　　址：www.sudapress.com
邮　　箱：sdcbs@suda.edu.cn
邮购热线：0512-67480030
销售热线：0512-67481020

开　　本：787 mm×1 092 mm　1/16　**印张**：9.5　**字数**：176 千
版　　次：2021 年 2 月第 1 版
印　　次：2023 年 1 月第 3 次印刷
书　　号：ISBN 978-7-5672-3480-2
定　　价：26.00 元

前言

为进一步扩充教学资料，优化课程资源，本教材编写组编写了这套内容详实、讲解清晰的《数学解析教程》(含第一、二、三、四册)。本书的主要适用对象是在校开设数学课的职业学校学生，含中职、高职、3+3、3+4、对口单招班等。本书主要关注学生的升学需求，尤其是学生参加江苏省普通高校对口单招文化统考的应试需求。

本书是与《数学》教材配套的辅导教材，全套书紧贴教学实际，注重教学实用性。每一章中的每一节均涵盖“知识梳理”“例题讲解”“课后练习”三部分，每一章的最后提供了“测试卷”。“知识梳理”将《数学》教材中的知识点罗列出来，并进行了深入剖析，以便学生进一步理解概念，掌握重、难点；“例题讲解”选取了一些典型例题，以便学生更好地领会和掌握所学知识；“课后练习”提供了一些习题，供学生课后进行自我练习，以加深对知识点的理解，提高解题效率；“测试卷”可供学生每学完一章后进行自测。本书较适合于分层教学，满足职业学校学生中数学爱好者的学习需求。

由于编写组水平有限，本套丛书中需要改进之处、不妥之处甚至于错误之处都可能是存在的。编写组诚恳地希望读者们能不吝指正。

本教材编写组

2021 年 1 月

目 录

第 15 章

三角计算及其应用

15.1　两角和与差的正弦、余弦公式

知识梳理

1. 两角差的余弦公式

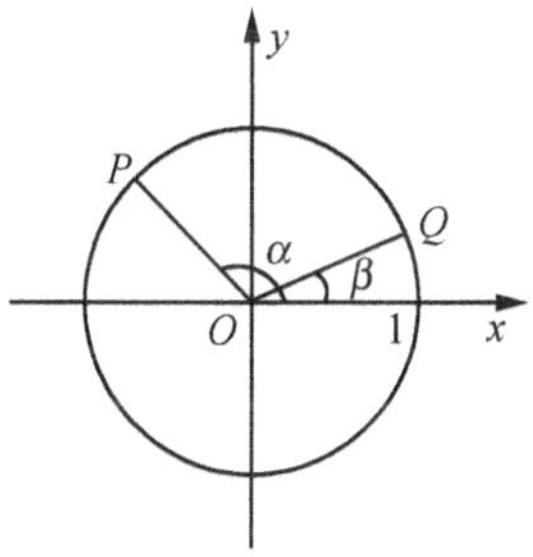

图 15-1

如图15-1所示，$\boldsymbol{a}=\overrightarrow{OP}=(\cos\alpha,\sin\alpha)$，$\boldsymbol{b}=\overrightarrow{OQ}=(\cos\beta,\sin\beta)$. 由向量内积的向量表达式，知

$$\boldsymbol{a}\cdot\boldsymbol{b}=|\boldsymbol{a}|\cdot|\boldsymbol{b}|\cdot\cos\langle\boldsymbol{a},\boldsymbol{b}\rangle=\cos(\alpha-\beta).$$

由向量内积的坐标表达式，知

$$\boldsymbol{a}\cdot\boldsymbol{b}=\cos\alpha\cos\beta+\sin\alpha\sin\beta.$$

故而有

$$\cos(\alpha-\beta)=\cos\alpha\cos\beta+\sin\alpha\sin\beta. \tag{15.1}$$

称之为两角差的余弦公式，简记为 $C_{(\alpha-\beta)}$.

2. 两角和的余弦公式

在式(15.1)中，以 $-\beta$ 替换 β，有

$$\begin{aligned}\cos(\alpha+\beta)&=\cos[\alpha-(-\beta)]\\&=\cos\alpha\cos(-\beta)+\sin\alpha\sin(-\beta)\end{aligned}$$

$$=\cos\alpha\cos\beta-\sin\alpha\sin\beta.$$

故而有

$$\cos(\alpha+\beta)=\cos\alpha\cos\beta-\sin\alpha\sin\beta. \tag{15.2}$$

称之为两角和的余弦公式,简记为 $C_{(\alpha+\beta)}$.

3. 正弦函数、余弦函数的互余关系

$$\cos\left(\frac{\pi}{2}-\alpha\right)=\sin\alpha.$$

$$\sin\left(\frac{\pi}{2}-\alpha\right)=\cos\alpha.$$

$\sin\left(\frac{\pi}{2}-\alpha\right)=\cos\alpha$ 的证明如下:

$$\begin{aligned}\cos\alpha &=\cos\left[\frac{\pi}{2}-\left(\frac{\pi}{2}-\alpha\right)\right]\\ &=\cos\frac{\pi}{2}\cdot\cos\left(\frac{\pi}{2}-\alpha\right)+\sin\frac{\pi}{2}\cdot\sin\left(\frac{\pi}{2}-\alpha\right)\\ &=\sin\left(\frac{\pi}{2}-\alpha\right).\end{aligned}$$

$\cos\left(\frac{\pi}{2}-\alpha\right)=\sin\alpha$ 的证明类似.

4. 常用的角的等量代换

(1) $\alpha=(\alpha+\beta)-\beta$ 或 $\alpha=(\alpha-\beta)+\beta$.

(2) $\alpha+\beta=(2\alpha+\beta)-\alpha$ 或 $\alpha+\beta=(\alpha+2\beta)-\beta$.

(3) $2\alpha=(\alpha+\beta)+(\alpha-\beta)$ 或 $\alpha=\frac{(\alpha+\beta)+(\alpha-\beta)}{2}$.

5. 两角和的正弦公式

在公式 $\cos\left(\frac{\pi}{2}-\alpha\right)=\sin\alpha$ 中,以 $\alpha+\beta$ 替换 α,有

$$\begin{aligned}\sin(\alpha+\beta)&=\cos\left[\frac{\pi}{2}-(\alpha+\beta)\right]\\ &=\cos\left[\left(\frac{\pi}{2}-\alpha\right)-\beta\right]\\ &=\cos\left(\frac{\pi}{2}-\alpha\right)\cdot\cos\beta+\sin\left(\frac{\pi}{2}-\alpha\right)\cdot\sin\beta\\ &=\sin\alpha\cos\beta+\cos\alpha\sin\beta.\end{aligned}$$

故而有

$$\sin(\alpha+\beta)=\sin\alpha\cos\beta+\cos\alpha\sin\beta. \tag{15.3}$$

称之为两角和的正弦公式，简记为 $S_{(\alpha+\beta)}$.

6. 两角差的正弦公式

在公式 $\sin(\alpha+\beta)=\sin\alpha\cos\beta+\cos\alpha\sin\beta$ 中，以 $-\beta$ 替换 β，有

$$\begin{aligned}\sin(\alpha-\beta)&=\sin[\alpha+(-\beta)]\\&=\sin\alpha\cos(-\beta)+\cos\alpha\sin(-\beta)\\&=\sin\alpha\cos\beta-\cos\alpha\sin\beta.\end{aligned}$$

故而有

$$\sin(\alpha-\beta)=\sin\alpha\cos\beta-\cos\alpha\sin\beta. \tag{15.4}$$

称之为两角差的正弦公式，简记为 $S_{(\alpha-\beta)}$.

7. 两角和与差的正切公式

由两角和与差的正弦、余弦公式，知

$$\begin{aligned}\tan(\alpha+\beta)&=\frac{\sin(\alpha+\beta)}{\cos(\alpha+\beta)}\\&=\frac{\sin\alpha\cos\beta+\cos\alpha\sin\beta}{\cos\alpha\cos\beta-\sin\alpha\sin\beta}\\&=\frac{\tan\alpha+\tan\beta}{1-\tan\alpha\cdot\tan\beta}.\text{(同除以 }\cos\alpha\cos\beta\text{)}\end{aligned}$$

同理可知，

$$\tan(\alpha-\beta)=\frac{\tan\alpha-\tan\beta}{1+\tan\alpha\cdot\tan\beta}.$$

8. 公式的三种用法

(1) 正用.

(2) 逆用.

(3) 变用.

9. α、$-\alpha$、$\frac{\pi}{2}\pm\alpha$、$\frac{3\pi}{2}\pm\alpha$ 关于直线 $y=x$、$y=-x$ 的对称性

(1) α 与 $\frac{\pi}{2}-\alpha$、$-\alpha$ 与 $\frac{\pi}{2}+\alpha$ 关于直线 $y=x$ 对称(图 15-2).

（2）α 与 $\frac{3\pi}{2}-\alpha$、$-\alpha$ 与 $\frac{3\pi}{2}+\alpha$ 关于直线 $y=-x$ 对称.

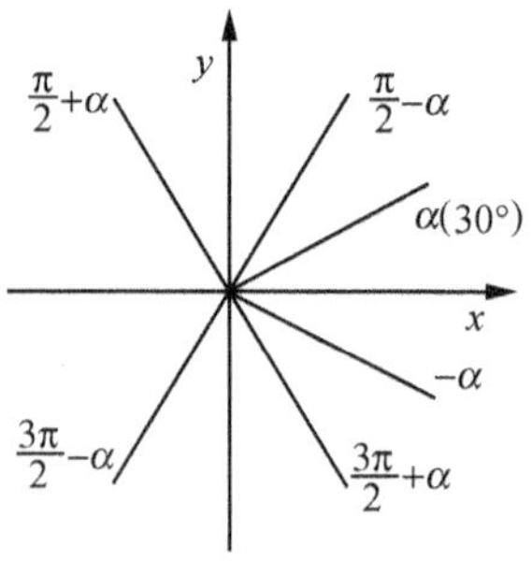

图 15-2

10. 第二类三角函数的诱导公式

说明：第二类三角函数的诱导公式是关于 α 与 $\frac{\pi}{2}-\alpha$、$\frac{\pi}{2}+\alpha$、$\frac{3\pi}{2}-\alpha$、$\frac{3\pi}{2}+\alpha$ 的.

表 15-1 是第二类三角函数的诱导公式.

表 15-1　第二类三角函数的诱导公式

函数名	角度			
	$\frac{\pi}{2}-\alpha$	$\frac{\pi}{2}+\alpha$	$\frac{3\pi}{2}-\alpha$	$\frac{3\pi}{2}+\alpha$
sin	$\cos\alpha$	$\cos\alpha$	$-\cos\alpha$	$-\cos\alpha$
cos	$\sin\alpha$	$-\sin\alpha$	$-\sin\alpha$	$\sin\alpha$
tan	$\cot\alpha$	$-\cot\alpha$	$\cot\alpha$	$-\cot\alpha$

口诀：奇变偶不变$\left(\frac{\pi}{2}\text{的倍数，函数名}\right)$，符号看象限.

举例 1：$\sin\left(\frac{\pi}{2}+\alpha\right)=?$

步骤：

① 假定 α 是第一象限角（如 $\alpha=30°$）.

② 判定 $\frac{\pi}{2}+\alpha$ 是第二象限角.

③ 认定 $\sin\left(\frac{\pi}{2}+\alpha\right)$ 的符号：正.

④ 定论：$\sin\left(\frac{\pi}{2}+\alpha\right)=\cos\alpha$（奇变偶不变，符号看象限）.

举例 2：$\cos\left(\frac{3\pi}{2}-\alpha\right)=?$

步骤：

① 假定 α 是第一象限角（如 $\alpha=30°$）.

② 判定 $\frac{3\pi}{2}-\alpha$ 是第三象限角.

③ 认定 $\cos\left(\frac{3\pi}{2}-\alpha\right)$ 的符号：负.

④ 定论：$\cos\left(\dfrac{3\pi}{2}-\alpha\right)=-\sin\alpha$（奇变偶不变，符号看象限）.

结论：三角函数值的正负号的规则可总结为“一全正$\left(\dfrac{\pi}{2}-\alpha\right)$，二正弦$\left(\dfrac{\pi}{2}+\alpha\right)$，三正切$\left(\dfrac{3\pi}{2}-\alpha\right)$，四余弦$\left(\dfrac{3\pi}{2}+\alpha\right)$”.

11. 三角函数的第一类诱导公式（α 与 $\alpha+2k\pi$、$-\alpha$、$\pi\pm\alpha$）与第二类诱导公式$\left(\alpha \text{ 与 } \dfrac{\pi}{2}\pm\alpha、\dfrac{3\pi}{2}\pm\alpha\right)$的总图

在三角函数的两类诱导公式中所出现的角的终边之间的六类位置关系：

① α 与 $\alpha+2k\pi$ 的终边相同.

② α 与 $-\alpha$ 的终边关于 x 轴对称.

③ α 与 $\pi-\alpha$ 的终边关于 y 轴对称.

④ α 与 $\pi+\alpha$ 的终边关于原点对称.

⑤ α 与 $\dfrac{\pi}{2}-\alpha$ 的终边关于直线 $y=x$ 对称.

⑥ α 与 $\dfrac{3\pi}{2}-\alpha$ 的终边关于直线 $y=-x$ 对称.

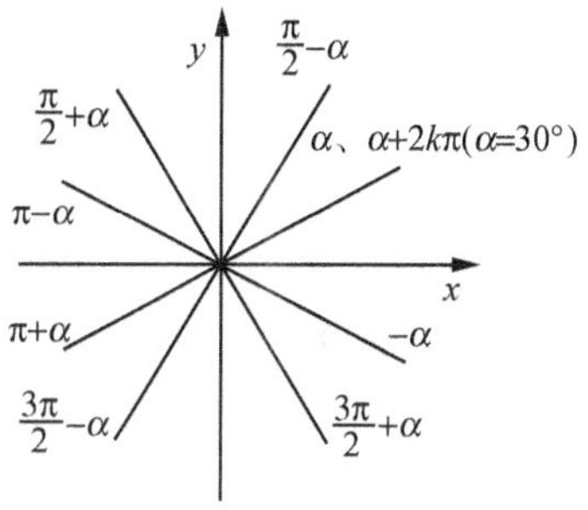

图 15-3

在记忆三角函数的两类诱导公式时，通常会先假定 α 是第一象限角，则各象限的其他角依次为：

① 终边落在第一象限的为$\dfrac{\pi}{2}-\alpha$.

② 终边落在第二象限的为$\dfrac{\pi}{2}+\alpha$ 和 $\pi-\alpha$.

③ 终边落在第三象限的为 $\pi+\alpha$ 和$\dfrac{3\pi}{2}-\alpha$.

④ 终边落在第四象限的为$-\alpha$ 和$\dfrac{3\pi}{2}+\alpha$.

口诀：奇变偶不变$\left(\dfrac{\pi}{2}\text{的倍数，函数名}\right)$，符号看象限.

举例：$\sin(\pi+\alpha)=?$

步骤：

① 假定 α 是第一象限角（如 $\alpha=30°$）.

② 判定 $\pi+\alpha$ 是第三象限角.

③ 认定 $\sin(\pi+\alpha)$的符号：负.

④ 定论：$\sin(\pi+\alpha)=\sin\left(2\times\dfrac{\pi}{2}+\alpha\right)=-\sin\alpha$（奇变偶不变，符号看象限）.

12. 辅助角公式

(1) $a\sin\alpha+b\cos\alpha=\sqrt{a^2+b^2}\sin(\alpha+\varphi)$ $(a>0)$. 其中，$-\frac{\pi}{2}<\varphi<\frac{\pi}{2}$，且 $\tan\varphi=\frac{b}{a}$.

证明：若 $a>0$，则

$$\begin{aligned}a\sin\alpha+b\cos\alpha&=\sqrt{a^2+b^2}\left(\frac{a}{\sqrt{a^2+b^2}}\cdot\sin\alpha+\frac{b}{\sqrt{a^2+b^2}}\cdot\cos\alpha\right)\\&=\sqrt{a^2+b^2}(\sin\alpha\cdot\cos\varphi+\cos\alpha\cdot\sin\varphi)\\&=\sqrt{a^2+b^2}\sin(\alpha+\varphi),\end{aligned}$$

其中，$-\frac{\pi}{2}<\varphi<\frac{\pi}{2}$，且 $\sin\varphi=\frac{b}{\sqrt{a^2+b^2}}$，$\cos\varphi=\frac{a}{\sqrt{a^2+b^2}}\left(\tan\varphi=\frac{b}{a}\right)$.

(2) $a\sin\alpha+b\cos\alpha=\sqrt{a^2+b^2}\cos(\alpha-\varphi)$ $(b>0)$. 其中，$-\frac{\pi}{2}<\varphi<\frac{\pi}{2}$，且 $\tan\varphi=\frac{a}{b}$.

证明：若 $b>0$，则

$$\begin{aligned}a\sin\alpha+b\cos\alpha&=\sqrt{a^2+b^2}\left(\frac{a}{\sqrt{a^2+b^2}}\cdot\sin\alpha+\frac{b}{\sqrt{a^2+b^2}}\cdot\cos\alpha\right)\\&=\sqrt{a^2+b^2}(\cos\alpha\cdot\cos\varphi+\sin\alpha\cdot\sin\varphi)\\&=\sqrt{a^2+b^2}\cos(\alpha-\varphi),\end{aligned}$$

其中，$-\frac{\pi}{2}<\varphi<\frac{\pi}{2}$，且 $\sin\varphi=\frac{a}{\sqrt{a^2+b^2}}$，$\cos\varphi=\frac{b}{\sqrt{a^2+b^2}}\left(\tan\varphi=\frac{a}{b}\right)$.

(3) 常用辅助角公式.

① $\sin x+\cos x=\sqrt{2}\sin\left(x+\frac{\pi}{4}\right)=\sqrt{2}\cos\left(x-\frac{\pi}{4}\right)$.

② $\sqrt{3}\sin x+\cos x=2\sin\left(x+\frac{\pi}{6}\right)=2\cos\left(x-\frac{\pi}{3}\right)$.

③ $\sin x+\sqrt{3}\cos x=2\sin\left(x+\frac{\pi}{3}\right)=2\cos\left(x-\frac{\pi}{6}\right)$.

④ $\sqrt{3}\cos x-\sin x=2\cos\left(x+\frac{\pi}{6}\right)=2\sin\left(\frac{\pi}{3}-x\right)$.

下面证明式④，其他类似.

证明：
$$\begin{aligned}\sqrt{3}\cos x-\sin x&=2\left(\frac{\sqrt{3}}{2}\cos x-\frac{1}{2}\sin x\right)\\&=2\left(\cos x\cdot\cos\frac{\pi}{6}-\sin x\cdot\sin\frac{\pi}{6}\right)\\&=2\cos\left(x+\frac{\pi}{6}\right).\end{aligned}$$

或

$$\begin{aligned}\sqrt{3}\cos x-\sin x&=2\left(\frac{\sqrt{3}}{2}\cos x-\frac{1}{2}\sin x\right)\\&=2\left(\sin\frac{\pi}{3}\cdot\cos x-\cos\frac{\pi}{3}\cdot\sin x\right)\\&=2\sin\left(\frac{\pi}{3}-x\right).\end{aligned}$$

例题讲解

例 1　已知 $\sin\alpha=\frac{2}{3}$，$\alpha\in\left(\frac{\pi}{2},\pi\right)$，$\cos\beta=-\frac{3}{5}$，$\beta\in\left(\pi,\frac{3\pi}{2}\right)$，试求 $\cos(\alpha+\beta)$.

解　由题设，$\alpha\in\left(\frac{\pi}{2},\pi\right)$，知

$$\cos\alpha=-\sqrt{1-\sin^2\alpha}=-\sqrt{1-\left(\frac{2}{3}\right)^2}=-\frac{\sqrt{5}}{3}.$$

同理可知，$\sin\beta=-\frac{4}{5}$，故而

$$\begin{aligned}\cos(\alpha+\beta)&=\cos\alpha\cos\beta-\sin\alpha\sin\beta\\&=-\frac{\sqrt{5}}{3}\times\left(-\frac{3}{5}\right)-\frac{2}{3}\times\left(-\frac{4}{5}\right)\\&=\frac{8+3\sqrt{5}}{15}.\end{aligned}$$

例 2　已知 α 为锐角，且 $\cos\left(\frac{\pi}{6}+\alpha\right)=\frac{1}{2}$，求 α 的值.

解　由题设，知 $0<\alpha<\frac{\pi}{2}$，则 $\frac{\pi}{6}<\frac{\pi}{6}+\alpha<\frac{2\pi}{3}$，故

$$\sin\left(\frac{\pi}{6}+\alpha\right)=\sqrt{1-\cos^2\left(\frac{\pi}{6}+\alpha\right)}=\sqrt{1-\left(\frac{1}{2}\right)^2}=\frac{\sqrt{3}}{2}.$$

由角的等量代换及两角和的正弦公式，知

$$\begin{aligned}\sin\alpha&=\sin\left[\left(\frac{\pi}{6}+\alpha\right)-\frac{\pi}{6}\right]\\&=\sin\left(\frac{\pi}{6}+\alpha\right)\cos\frac{\pi}{6}-\cos\left(\frac{\pi}{6}+\alpha\right)\sin\frac{\pi}{6}\\&=\frac{\sqrt{3}}{2}\times\frac{\sqrt{3}}{2}-\frac{1}{2}\times\frac{1}{2}\\&=\frac{1}{2}.\end{aligned}$$

由 α 为锐角，知 $\alpha=\frac{\pi}{6}$.

例 3 已知 $x\in\left[0,\frac{\pi}{2}\right]$，求函数 $y=\cos\left(\frac{\pi}{12}-x\right)-\cos\left(\frac{5\pi}{12}+x\right)$的值域.

解 由题设，知

$$\begin{aligned} y&=\cos\left(\frac{\pi}{12}-x\right)-\cos\left(\frac{5\pi}{12}+x\right)\\ &=\cos\left(\frac{\pi}{12}-x\right)-\cos\left[\frac{\pi}{2}-\left(\frac{\pi}{12}-x\right)\right]\\ &=\cos\left(\frac{\pi}{12}-x\right)-\sin\left(\frac{\pi}{12}-x\right)\\ &=\sqrt{2}\left[\frac{\sqrt{2}}{2}\cdot\cos\left(\frac{\pi}{12}-x\right)-\frac{\sqrt{2}}{2}\cdot\sin\left(\frac{\pi}{12}-x\right)\right]\\ &=\sqrt{2}\left[\cos\frac{\pi}{4}\cdot\cos\left(\frac{\pi}{12}-x\right)-\sin\frac{\pi}{4}\cdot\sin\left(\frac{\pi}{12}-x\right)\right]\\ &=\sqrt{2}\cos\left[\frac{\pi}{4}+\left(\frac{\pi}{12}-x\right)\right]\\ &=\sqrt{2}\cos\left(\frac{\pi}{3}-x\right). \end{aligned}$$

由 $0\leqslant x\leqslant\frac{\pi}{2}$ 知，$-\frac{\pi}{6}\leqslant\frac{\pi}{3}-x\leqslant\frac{\pi}{3}$，故 $\frac{1}{2}\leqslant\cos\left(\frac{\pi}{3}-x\right)\leqslant1$，故原函数的值域为 $\left[\frac{\sqrt{2}}{2},\sqrt{2}\right]$.

例 4 求 $\frac{2\cos10^\circ-\sin20^\circ}{\cos20^\circ}$的值.

解
$$\begin{aligned} \frac{2\cos10^\circ-\sin20^\circ}{\cos20^\circ}&=\frac{2\cos(30^\circ-20^\circ)-\sin20^\circ}{\cos20^\circ}\\ &=\frac{2(\cos30^\circ\cos20^\circ+\sin30^\circ\sin20^\circ)-\sin20^\circ}{\cos20^\circ}\\ &=\frac{2\left(\frac{\sqrt{3}}{2}\cos20^\circ+\frac{1}{2}\sin20^\circ\right)-\sin20^\circ}{\cos20^\circ}\\ &=\frac{\sqrt{3}\cos20^\circ+\sin20^\circ-\sin20^\circ}{\cos20^\circ}\\ &=\sqrt{3}. \end{aligned}$$

例 5 求 $\frac{\sin\theta}{2\cos\theta+\sqrt{5}}$的最大值.

解 解法一 由题设，令 $\cos\theta=x$，$\sin\theta=y$，则

$$\frac{\sin\theta}{2\cos\theta+\sqrt{5}}=\frac{y}{2x+\sqrt{5}}=\frac{1}{2}\left[\frac{y-0}{x-\left(-\frac{\sqrt{5}}{2}\right)}\right]\ (\theta\in\mathbf{R}).$$

由 $\theta\in\mathbf{R}$ 知，$-1\leqslant x\leqslant 1$，$-1\leqslant y\leqslant 1$，且 $x^2+y^2=1$. 由直线的斜率公式，知 $\frac{y-0}{x-\left(-\frac{\sqrt{5}}{2}\right)}$ 表示的是过单位圆上一点 $P(x,y)$ 和 $Q\left(-\frac{\sqrt{5}}{2},0\right)$ 的直线的斜率. 据此，作图，如图15-4 所示.

易知，过点 Q 的圆的切线 QR 的斜率是最大的. 由勾股定理，知

$$QR=\sqrt{OQ^2-OR^2}=\sqrt{\left(\frac{\sqrt{5}}{2}\right)^2-1^2}=\frac{1}{2},$$

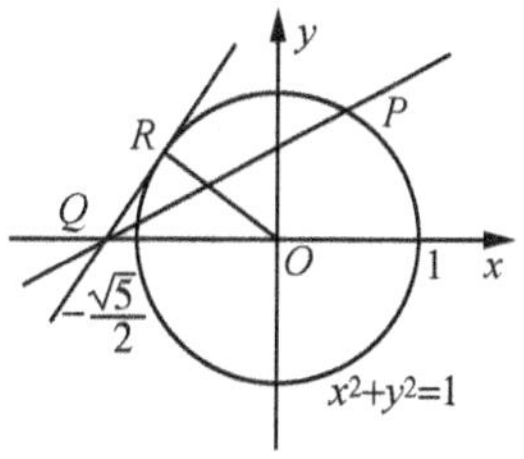

图 15-4

故而有

$$k_{QR}=\frac{OR}{QR}=\frac{1}{\frac{1}{2}}=2,$$

故 $\frac{1}{2}\left[\frac{y-0}{x-\left(-\frac{\sqrt{5}}{2}\right)}\right]$ 亦即 $\frac{\sin\theta}{2\cos\theta+\sqrt{5}}$ 的最大值为 1.

解法二 由题设，令 $\frac{\sin\theta}{2\cos\theta+\sqrt{5}}=k$，则

$$\sqrt{5}k=\sin\theta-2k\cos\theta\ (\theta\in\mathbf{R}).$$

由辅助角公式，知

$$\sin\theta-2k\cos\theta=\sqrt{1+4k^2}\sin(\theta+\varphi).$$

故而有

$$\sqrt{5}k=\sqrt{1+4k^2}\sin(\theta+\varphi).$$

上式两边平方，并整理，得

$$k^2=\frac{\sin^2(\theta+\varphi)}{5-4\sin^2(\theta+\varphi)}.$$

令 $\sin^2(\theta+\varphi)=t$，$0\leqslant t\leqslant 1$，则

$$k^2=\frac{t}{5-4t}=\frac{1}{\frac{5}{t}-4}.$$

易知，k^2 在 $t\in(0,1]$ 上单调递增，故而有

$$k_{\max}{}^2=1.$$

当 $t=1$ 时，k 的最大值也就是 $\frac{\sin\theta}{2\cos\theta+\sqrt{5}}$ 的最大值，故最大值为 1.

课后练习

1. $\cos(21°+\alpha)\cos(24°-\alpha)-\sin(21°+\alpha)\sin(24°-\alpha)=$（　　）.

A. $\frac{\sqrt{2}}{2}$　　B. $\cos2\alpha$　　C. 1　　D. $\cos(-3°+2\alpha)$

2. 已知函数 $y=a\sin2x+\cos2x(x\in\mathbf{R})$ 的最大值为 2，则 a 的值为（　　）.

A. -1　　B. $\pm\sqrt{3}$　　C. $\sqrt{3}$　　D. ±1

3. 若 $\sin(\alpha+\beta)=\frac{1}{2}$，$\sin(\alpha-\beta)=\frac{1}{3}$，则$\frac{\tan\beta}{\tan\alpha}$等于（　　）.

A. $\frac{3}{2}$　　B. $\frac{2}{3}$　　C. $\frac{3}{5}$　　D. $\frac{1}{5}$

4. 已知 $f(\sin x)=\sin3x$，则 $f(\cos x)=$__________.

5. 在 $\triangle ABC$ 中，若 $\cos A\cos B+\sin A\sin B<0$，则该三角形的形状是__________.

6. 已知 α,β 为锐角，且 $\cos\alpha=\frac{1}{7}$，$\cos(\alpha+\beta)=-\frac{11}{14}$，试求 β 的值.

7. 已知 $\tan(\alpha+\beta)=\frac{2}{5}$，$\tan\left(\beta-\frac{\pi}{4}\right)=\frac{1}{4}$，试求 $\tan\left(\alpha+\frac{\pi}{4}\right)$的值.

8. 计算：

(1) $\frac{1-\tan 15^\circ}{1+\tan 15^\circ}$；

(2) $\sin 105^\circ$.

15.2 二倍角公式

知识梳理

1. 二倍角的余弦公式

在公式 $\cos(\alpha+\beta)=\cos\alpha\cos\beta-\sin\alpha\sin\beta$ 中，令 $\beta=\alpha$，得

$$\begin{aligned}\cos2\alpha&=\cos(\alpha+\alpha)\\&=\cos\alpha\cos\alpha-\sin\alpha\sin\alpha\\&=\cos^2\alpha-\sin^2\alpha,\end{aligned}$$

故而有

$$\cos2\alpha=\cos^2\alpha-\sin^2\alpha. \tag{15.5}$$

$$\cos2\alpha=2\cos^2\alpha-1. \tag{15.6}$$

$$\cos2\alpha=1-2\sin^2\alpha. \tag{15.7}$$

式(15.5)至式(15.7)被称为二倍角的余弦公式，简记为 $C_{(2\alpha)}$. [式(15.6)和式(15.7)的推导需使用同角三角函数的平方关系，即 $\sin^2\alpha+\cos^2\alpha=1$ 求得].

注意：$\sin^2\alpha=(\sin\alpha)^2$ 与 $\sin\alpha^2$ 的区别.

2. 二倍角的余弦公式的变形

$$\sin^2\alpha=\frac{1-\cos2\alpha}{2},\ \cos^2\alpha=\frac{1+\cos2\alpha}{2}.$$

3. 二倍角的正弦公式

在公式 $\sin(\alpha+\beta)=\sin\alpha\cos\beta+\cos\alpha\sin\beta$ 中，令 $\beta=\alpha$，得

$$\begin{aligned}\sin2\alpha&=\sin(\alpha+\alpha)\\&=\sin\alpha\cos\alpha+\cos\alpha\sin\alpha\\&=2\sin\alpha\cos\alpha,\end{aligned}$$

故而有

$$\sin 2\alpha = 2\sin\alpha\cos\alpha. \tag{15.8}$$

上式被称为二倍角的正弦公式，简记为 $S_{(2\alpha)}$.

4. 二倍角的正切公式

在公式 $\tan(\alpha+\beta)=\dfrac{\tan\alpha+\tan\beta}{1-\tan\alpha\cdot\tan\beta}$中，令 $\beta=\alpha$，得

$$\begin{aligned}\tan 2\alpha &= \tan(\alpha+\alpha)\\ &= \frac{\tan\alpha+\tan\alpha}{1-\tan\alpha\cdot\tan\alpha}\\ &= \frac{2\tan\alpha}{1-\tan^2\alpha},\end{aligned}$$

故而有

$$\tan 2\alpha = \frac{2\tan\alpha}{1-\tan^2\alpha}.$$

上式被称为二倍角的正切公式，简记为 $T_{(2\alpha)}$.

5. 倍角与半角

(1) “二倍角”的意义是相对的.

(2) “二倍角”的理解是正向的(从左向右，2α 是 α 的两倍).

(3) “二倍角”与“半角”的出现是同时的.

6. 角与幂

对于二倍角的余弦公式，角与幂的变化趋势是相反的，即

$$\cos 2\alpha = 1-2\sin^2\alpha \text{［降角，升幂(正向)］}.$$

$$\sin^2\alpha = \frac{1-\cos 2\alpha}{2} \text{［升角，降幂(正向)］}.$$

7. 半角公式

(1) 在公式 $\sin^2\alpha=\dfrac{1-\cos 2\alpha}{2}$中，以$\dfrac{\alpha}{2}$替换 α，有

$$\sin^2\frac{\alpha}{2} = \frac{1-\cos\alpha}{2},$$

故而有 $\sin\dfrac{\alpha}{2}=\pm\sqrt{\dfrac{1-\cos\alpha}{2}}$，称之为半角的正弦公式(正向). 同样地，有

$$\cos\frac{\alpha}{2} = \pm\sqrt{\frac{1+\cos\alpha}{2}}.$$

此时，有

$$\tan^2\frac{\alpha}{2}=\frac{\sin^2\dfrac{\alpha}{2}}{\cos^2\dfrac{\alpha}{2}}=\frac{1-\cos\alpha}{1+\cos\alpha},$$

故而有

$$\tan\frac{\alpha}{2}=\pm\sqrt{\frac{1-\cos\alpha}{1+\cos\alpha}}.$$

(2) $\tan\dfrac{\alpha}{2}=\dfrac{\sin\alpha}{1+\cos\alpha}=\dfrac{1-\cos\alpha}{\sin\alpha}.$

证明：

$$\frac{\sin\alpha}{1+\cos\alpha}=\frac{2\sin\dfrac{\alpha}{2}\cos\dfrac{\alpha}{2}}{2\cos^2\dfrac{\alpha}{2}}=\tan\frac{\alpha}{2}.$$

$$\frac{1-\cos\alpha}{\sin\alpha}=\frac{2\sin^2\dfrac{\alpha}{2}}{2\sin\dfrac{\alpha}{2}\cos\dfrac{\alpha}{2}}=\tan\frac{\alpha}{2}.$$

(3) $\tan\dfrac{\alpha}{2}=\dfrac{1+\sin\alpha-\cos\alpha}{1+\sin\alpha+\cos\alpha}.$

证明：

$$\frac{1+\sin\alpha-\cos\alpha}{1+\sin\alpha+\cos\alpha}=\frac{1-\cos\alpha+\sin\alpha}{1+\cos\alpha+\sin\alpha}=\frac{2\sin^2\dfrac{\alpha}{2}+2\sin\dfrac{\alpha}{2}\cos\dfrac{\alpha}{2}}{2\cos^2\dfrac{\alpha}{2}+2\sin\dfrac{\alpha}{2}\cos\dfrac{\alpha}{2}}$$

$$=\frac{\tan^2\dfrac{\alpha}{2}+\tan\dfrac{\alpha}{2}}{1+\tan\dfrac{\alpha}{2}}=\tan\frac{\alpha}{2}$$

8. 万能公式(弦化切)

(1) $\sin\alpha=\dfrac{2\tan\dfrac{\alpha}{2}}{1+\tan^2\dfrac{\alpha}{2}}.$

(2) $\cos\alpha=\dfrac{1-\tan^2\dfrac{\alpha}{2}}{1+\tan^2\dfrac{\alpha}{2}}.$

(3) $\tan\alpha=\dfrac{2\tan\dfrac{\alpha}{2}}{1-\tan^2\dfrac{\alpha}{2}}.$

证明：

(1) $\sin\alpha=2\sin\frac{\alpha}{2}\cos\frac{\alpha}{2}=\dfrac{2\sin\frac{\alpha}{2}\cos\frac{\alpha}{2}}{\sin^2\frac{\alpha}{2}+\cos^2\frac{\alpha}{2}}=\dfrac{2\tan\frac{\alpha}{2}}{1+\tan^2\frac{\alpha}{2}}$.

(2) $\cos\alpha=\cos^2\frac{\alpha}{2}-\sin^2\frac{\alpha}{2}=\dfrac{\cos^2\frac{\alpha}{2}-\sin^2\frac{\alpha}{2}}{\sin^2\frac{\alpha}{2}+\cos^2\frac{\alpha}{2}}=\dfrac{1-\tan^2\frac{\alpha}{2}}{1+\tan^2\frac{\alpha}{2}}$.

(3) $\tan\alpha=\tan\left(2\cdot\frac{\alpha}{2}\right)=\dfrac{2\tan\frac{\alpha}{2}}{1-\tan^2\frac{\alpha}{2}}$.

9. 常见三角变换

(1) $(\sin\alpha+\cos\alpha)^2=1+\sin2\alpha$.

(2) $(\sin\alpha-\cos\alpha)^2=1-\sin2\alpha$.

(3) $\tan\alpha+\dfrac{1}{\tan\alpha}=\dfrac{1}{\sin\alpha\cos\alpha}=\dfrac{2}{\sin2\alpha}$.

(4) $\cos4\alpha=\cos^2 2\alpha-\sin^2 2\alpha$.

(5) $\cos^4\alpha-\sin^4\alpha=\cos2\alpha$.

……

10. 和差化积与积化和差公式

(1) 和差化积.

① $\sin\alpha+\sin\beta=2\sin\frac{\alpha+\beta}{2}\cos\frac{\alpha-\beta}{2}$.

② $\sin\alpha-\sin\beta=2\cos\frac{\alpha+\beta}{2}\sin\frac{\alpha-\beta}{2}$.

③ $\cos\alpha+\cos\beta=2\cos\frac{\alpha+\beta}{2}\cos\frac{\alpha-\beta}{2}$.

④ $\cos\alpha-\cos\beta=-2\sin\frac{\alpha+\beta}{2}\sin\frac{\alpha-\beta}{2}$.

下面证明公式①.

证明：$\sin\alpha+\sin\beta=\sin\left(\frac{\alpha+\beta}{2}+\frac{\alpha-\beta}{2}\right)+\sin\left(\frac{\alpha+\beta}{2}-\frac{\alpha-\beta}{2}\right)$

$=\sin\frac{\alpha+\beta}{2}\cos\frac{\alpha-\beta}{2}+\cos\frac{\alpha+\beta}{2}\sin\frac{\alpha-\beta}{2}+$

$$\sin\frac{\alpha+\beta}{2}\cos\frac{\alpha-\beta}{2}-\cos\frac{\alpha+\beta}{2}\sin\frac{\alpha-\beta}{2}$$

$$=2\sin\frac{\alpha+\beta}{2}\cos\frac{\alpha-\beta}{2}.$$

式②③④可类似证明.

（2）积化和差.

① $\sin\alpha\cos\beta=\frac{1}{2}[\sin(\alpha+\beta)+\sin(\alpha-\beta)]$.

② $\cos\alpha\sin\beta=\frac{1}{2}[\sin(\alpha+\beta)-\sin(\alpha-\beta)]$.

③ $\cos\alpha\cos\beta=\frac{1}{2}[\cos(\alpha+\beta)+\cos(\alpha-\beta)]$.

④ $\sin\alpha\sin\beta=-\frac{1}{2}[\cos(\alpha+\beta)-\cos(\alpha-\beta)]$.

下面证明公式①.

证明：$\sin\alpha\cos\beta=\frac{1}{2}\cdot 2\sin\alpha\cos\beta$

$$=\frac{1}{2}[(\sin\alpha\cos\beta+\cos\alpha\sin\beta)+(\sin\alpha\cos\beta-\cos\alpha\sin\beta)]$$

$$=\frac{1}{2}[\sin(\alpha+\beta)+\sin(\alpha-\beta)].$$

式②③④可类似证明.

11. 三倍角公式

（1）$\sin3\alpha=3\sin\alpha-4\sin^3\alpha$.

（2）$\cos3\alpha=-3\cos\alpha+4\cos^3\alpha$.

（3）$\tan3\alpha=\frac{3\tan\alpha-\tan^3\alpha}{1-3\tan^2\alpha}=\tan\alpha\cdot\tan\left(\frac{\pi}{3}-\alpha\right)\cdot\tan\left(\frac{\pi}{3}+\alpha\right)$.

（1）证明：$\sin3\alpha=\sin(\alpha+2\alpha)$

$$=\sin\alpha\cos2\alpha+\cos\alpha\sin2\alpha$$

$$=\sin\alpha(1-2\sin^2\alpha)+\cos\alpha\cdot 2\sin\alpha\cos\alpha$$

$$=\sin\alpha(1-2\sin^2\alpha)+2\sin\alpha(1-\sin^2\alpha)$$

$$=3\sin\alpha-4\sin^3\alpha.$$

（2）证明：$\cos3\alpha=\cos(\alpha+2\alpha)$

$$=\cos\alpha\cos2\alpha-\sin\alpha\sin2\alpha$$

$$=\cos\alpha(2\cos^2\alpha-1)-\sin\alpha\cdot 2\sin\alpha\cos\alpha$$

$$=\cos\alpha(2\cos^2\alpha-1)-2\cos\alpha(1-\cos^2\alpha)$$
$$=-3\cos\alpha+4\cos^3\alpha.$$

(3) 证明:

① $\tan3\alpha=\tan(\alpha+2\alpha)$

$$=\frac{\tan\alpha+\tan2\alpha}{1-\tan\alpha\cdot\tan2\alpha}$$

$$=\frac{\tan\alpha+\frac{2\tan\alpha}{1-\tan^2\alpha}}{1-\tan\alpha\cdot\frac{2\tan\alpha}{1-\tan^2\alpha}}$$

$$=\frac{3\tan\alpha-\tan^3\alpha}{1-3\tan^2\alpha}.$$

② $\sin3\alpha=3\sin\alpha-4\sin^3\alpha$

$$=4\sin\alpha\left(\frac{3}{4}-\sin^2\alpha\right)$$

$$=4\sin\alpha\left[\left(\frac{\sqrt{3}}{2}\right)^2-\sin^2\alpha\right]$$

$$=4\sin\alpha\left(\sin^2\frac{\pi}{3}-\sin^2\alpha\right)$$

$$=4\sin\alpha\left(\sin\frac{\pi}{3}+\sin\alpha\right)\left(\sin\frac{\pi}{3}-\sin\alpha\right)$$

$$=4\sin\alpha\cdot2\sin\left(\frac{\pi}{6}+\frac{\alpha}{2}\right)\cos\left(\frac{\pi}{6}-\frac{\alpha}{2}\right)\cdot2\cos\left(\frac{\pi}{6}+\frac{\alpha}{2}\right)\sin\left(\frac{\pi}{6}-\frac{\alpha}{2}\right)$$

$$=4\sin\alpha\sin\left(\frac{\pi}{3}+\alpha\right)\sin\left(\frac{\pi}{3}-\alpha\right).$$

同样地,有

$$\cos3\alpha=-4\cos\alpha\sin\left(\alpha+\frac{\pi}{6}\right)\sin\left(\alpha-\frac{\pi}{6}\right)=4\cos\alpha\cos\left(\frac{\pi}{3}-\alpha\right)\cos\left(\frac{\pi}{3}+\alpha\right).$$

故而有

$$\tan3\alpha=\frac{\sin3\alpha}{\cos3\alpha}$$

$$=\frac{4\sin\alpha\sin\left(\frac{\pi}{3}+\alpha\right)\sin\left(\frac{\pi}{3}-\alpha\right)}{4\cos\alpha\cos\left(\frac{\pi}{3}-\alpha\right)\cos\left(\frac{\pi}{3}+\alpha\right)}$$

$$=\tan\alpha\cdot\tan\left(\frac{\pi}{3}-\alpha\right)\cdot\tan\left(\frac{\pi}{3}+\alpha\right).$$

例题讲解

例 1 已知角 α 终边上一点 $P(-5,2)$，求：

(1) $\cos\alpha$，$\tan\alpha$；

(2) $\sin2\alpha$，$\tan2\alpha$.

解 由题设，知 $x=-5$，$y=2$，故

$$r=\sqrt{x^2+y^2}=\sqrt{(-5)^2+2^2}=\sqrt{29}.$$

(1) 由任意角的三角函数的定义，知

$$\cos\alpha=\frac{x}{r}=\frac{-5}{\sqrt{29}}=-\frac{5\sqrt{29}}{29},$$

$$\tan\alpha=\frac{y}{x}=-\frac{2}{5}.$$

(2) 同(1)，知 $\sin\alpha=\frac{y}{r}=\frac{2}{\sqrt{29}}=\frac{2\sqrt{29}}{29}$，故

$$\sin2\alpha=2\sin\alpha\cos\alpha=2\times\frac{2}{\sqrt{29}}\times\frac{-5}{\sqrt{29}}=-\frac{20}{29},$$

$$\cos2\alpha=1-2\sin^2\alpha=1-2\times\left(\frac{2}{\sqrt{29}}\right)^2=\frac{21}{29},$$

$$\tan2\alpha=\frac{\sin2\alpha}{\cos2\alpha}=\frac{-\frac{20}{29}}{\frac{21}{29}}=-\frac{20}{21}.$$

例 2 已知 $\sin x-\cos x=\frac{1}{2}$，求 $\sin2x$ 的值.

解 由题设，知 $\sin x-\cos x=\frac{1}{2}$，两边平方，得

$$\begin{aligned}\left(\frac{1}{2}\right)^2&=(\sin x-\cos x)^2\\&=\sin^2x-2\sin x\cos x+\cos^2x\\&=1-\sin2x,\end{aligned}$$

故 $\sin2x=\frac{3}{4}$.

例 3 求 $\cos20°\cdot\cos40°\cdot\cos80°$ 的值.

解 $$\begin{aligned}\cos20°\cdot\cos40°\cdot\cos80°&=\frac{8\sin20°\cdot\cos20°\cdot\cos40°\cdot\cos80°}{8\sin20°}\\&=\frac{4\sin40°\cdot\cos40°\cdot\cos80°}{8\sin20°}\end{aligned}$$

$$=\frac{2\sin80^\circ\cdot\cos80^\circ}{8\sin20^\circ}$$

$$=\frac{\sin160^\circ}{8\sin20^\circ}$$

$$=\frac{1}{8}.$$（配凑法）

例 4　求 $\sin6^\circ\cdot\cos24^\circ\cdot\sin78^\circ\cdot\cos48^\circ$的值.

解　$\sin6^\circ\cdot\cos24^\circ\cdot\sin78^\circ\cdot\cos48^\circ=\sin6^\circ\cdot\cos12^\circ\cdot\cos24^\circ\cdot\cos48^\circ$

$$=\frac{16\cos6^\circ\cdot\sin6^\circ\cdot\cos12^\circ\cdot\cos24^\circ\cdot\cos48^\circ}{16\cos6^\circ}$$

$$=\frac{8\sin12^\circ\cdot\cos12^\circ\cdot\cos24^\circ\cdot\cos48^\circ}{16\cos6^\circ}$$

$$=\frac{4\sin24^\circ\cdot\cos24^\circ\cdot\cos48^\circ}{16\cos6^\circ}$$

$$=\frac{2\sin48^\circ\cdot\cos48^\circ}{16\cos6^\circ}$$

$$=\frac{\sin96^\circ}{16\cos6^\circ}$$

$$=\frac{1}{16}.$$（配凑法）

例 5　已知 $-\frac{\pi}{2}<x<0$，$\sin x+\cos x=\frac{1}{5}$，求：

（1）$\sin x-\cos x$；

（2）$\dfrac{3\sin^2\frac{x}{2}-2\sin\frac{x}{2}\cos\frac{x}{2}+\cos^2\frac{x}{2}}{\tan x+\frac{1}{\tan x}}$.

解　（1）由题设，知 $\sin x+\cos x=\frac{1}{5}$，两边平方，得

$$(\sin x+\cos x)^2=1+\sin2x=\frac{1}{25},$$

解之，得 $\sin2x=-\frac{24}{25}$，故而有

$$(\sin x-\cos x)^2=1-\sin2x=\frac{49}{25}.$$

由 $-\frac{\pi}{2}<x<0$ 知，$\sin x<\cos x$，故 $\sin x-\cos x=-\frac{7}{5}$.

（2）$\dfrac{3\sin^2\frac{x}{2}-2\sin\frac{x}{2}\cos\frac{x}{2}+\cos^2\frac{x}{2}}{\tan x+\frac{1}{\tan x}}=\dfrac{\sin^2\frac{x}{2}+\cos^2\frac{x}{2}+2\sin^2\frac{x}{2}-2\sin\frac{x}{2}\cos\frac{x}{2}}{\frac{\sin x}{\cos x}+\frac{\cos x}{\sin x}}$

$$=\frac{1+2\sin^2\frac{x}{2}-\sin x}{\frac{\sin^2 x+\cos^2 x}{\sin x\cos x}}$$

$$=\frac{1+1-\cos x-\sin x}{\frac{2}{\sin 2x}}$$

$$=\frac{\sin 2x\cdot[2-(\cos x+\sin x)]}{2}$$

$$=\frac{-\frac{24}{25}\times\left(2-\frac{1}{5}\right)}{2}$$

$$=-\frac{108}{125}.$$

课后练习

1. (2016.6) 若 $\sin\alpha+\cos\alpha=\frac{1}{5}$，$\frac{\pi}{2}\leqslant\alpha\leqslant\frac{3\pi}{4}$，则 $\cos 2\alpha$ 的值为（　　）.

A. $-\frac{7}{25}$　　B. $\frac{7}{25}$　　C. $\frac{24}{25}$　　D. $-\frac{24}{25}$

说明　2016.6 指江苏省 2016 年普通高校对口单招文化统考数学试卷第 6 题，下同.

2. $\sqrt{1-\sin 10}=$（　　）.

A. $\sin 5+\cos 5$　　B. $\cos 5-\sin 5$

C. $\sin 5-\cos 5$　　D. $-\sin 5-\cos 5$

3. $2\cos^2\frac{\pi}{8}=$（　　）.

A. $\frac{\sqrt{3}}{2}$　　B. $-\frac{2+\sqrt{2}}{2}$　　C. $\frac{2+\sqrt{2}}{2}$　　D. $\frac{1}{2}$

4. $\sin 75^\circ\cos 75^\circ=$__________.

5. 已知 $\cos\alpha=-\frac{3}{5}$，$\pi<\alpha<\frac{3\pi}{2}$，则 $\sin 2\alpha=$__________.

6. 已知角 α 终边上一点 $P(-5,2)$，求：

(1) $\cos\alpha$，$\tan\alpha$；

(2) $\sin 2\alpha$，$\tan 2\alpha$.

7. 已知 $\sin x-\cos x=\frac{1}{2}$,求 $\sin 2x$ 的值.

8. 试证明 $\sin^2\alpha+\cos\alpha\cos\left(\frac{\pi}{3}+\alpha\right)-\sin^2\left(\frac{\pi}{6}-\alpha\right)$的值与 α 无关.

15.3 正弦型函数

知识梳理

1. 正弦函数：$y=\sin x, x\in \mathbf{R}$

(1) 图象(五点作图法，图 15-5).

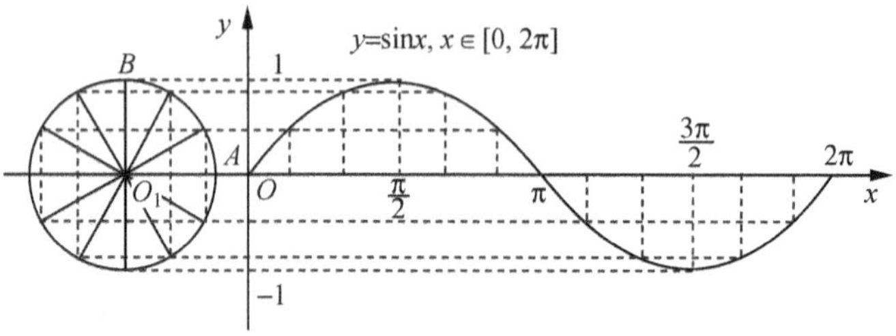

图 15-5

(2) 性质.

① 定义域：**R**.

② 值域：$[-1,1]$.

③ 最值：当 $x=\dfrac{\pi}{2}+2k\pi, k\in \mathbf{Z}$ 时，y 取得最大值 1；当 $x=-\dfrac{\pi}{2}+2k\pi$ 或 $x=\dfrac{3\pi}{2}+2k\pi, k\in \mathbf{Z}$ 时，y 取得最小值 -1.

④ 零点：$x=k\pi, k\in \mathbf{Z}$.

⑤ 对称轴：$x=\dfrac{\pi}{2}+k\pi, k\in \mathbf{Z}$.

⑥ 对称中心(或对称点)：$(k\pi,0)(k\in \mathbf{Z})$.

⑦ 单调性$\left(选定长度为 2\pi 的区间\left[-\dfrac{\pi}{2},\dfrac{3\pi}{2}\right]\right)$.

单调增区间：$\left[-\dfrac{\pi}{2}+2k\pi,\dfrac{\pi}{2}+2k\pi\right](k\in \mathbf{Z})\left(右半：\left[-\dfrac{\pi}{2},\dfrac{\pi}{2}\right]\right)$.

单调减区间：$\left[\dfrac{\pi}{2}+2k\pi,\dfrac{3\pi}{2}+2k\pi\right](k\in \mathbf{Z})\left(左半：\left[\dfrac{\pi}{2},\dfrac{3\pi}{2}\right]\right)$.

如图 15-6 所示(逆时针方向):

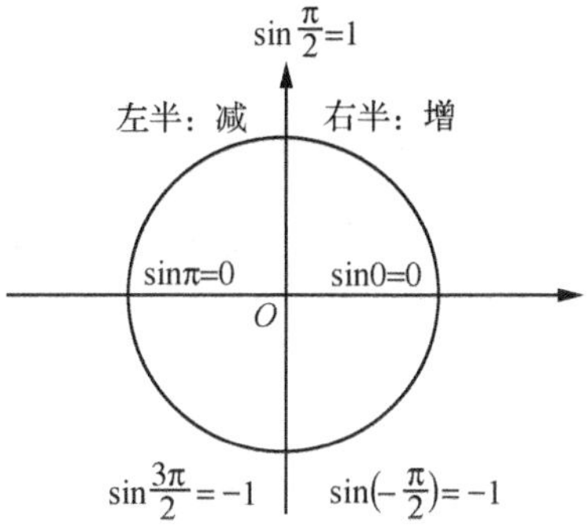

图 15-6

⑧ 奇偶性:**R** 上的奇函数.

⑨ 周期性:$\sin x$ 是最小正周期为 2π 的周期函数,即 $\sin(x+2k\pi)=\sin x, k\in \mathbf{Z}$.

2. 振幅变换:$y=A\sin x, x\in \mathbf{R}(A>0)$

如图 15-7 所示是 $y=\sin x$ 与 $y=3\sin x$ 的图象.

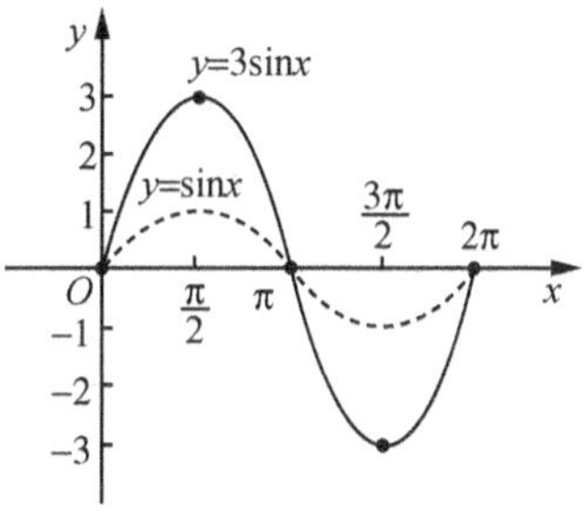

图 15-7

取 $y=\sin x$ 与 $y=3\sin x$ 曲线上特殊的点,如表 15-2 所示.

表 15-2　$y=\sin x$ 和 $y=3\sin x$ 曲线上特殊的点

x	0	$\frac{\pi}{2}$	π	$\frac{3\pi}{2}$	2π
$y=\sin x$	0	1	0	-1	0
$y=3\sin x$	0	3	0	-3	0

图象的变换在本质上是点的变换:由处于同一铅垂线上的点通过振幅变换得到[横坐标保持不变,纵坐标扩大到原来的 3 倍,函数 $y=\sin x$ 上的点 (x,y) 与函数 $y=3\sin x$ 上的点 $(x,3y)$ 对应].

振幅变换:函数 $y=A\sin x, x\in \mathbf{R}(A>0)$ 的图象可以看作把函数 $y=\sin x, x\in \mathbf{R}$ 图象上的所有点的横坐标保持不变,而纵坐标扩大(当 $A>1$ 时)或缩小(当 $0<A<1$ 时)到原来的 A 倍而得到. 函数

$$y=A\sin x, x\in \mathbf{R}(A>0)$$

的值域是$[-A,A]$.

3. 周期变换：$y=\sin\omega x, x\in \mathbf{R}(\omega>0)$

如图 15-8 所示是 $y=\sin x$ 与 $y=\sin 2x$ 的图象.

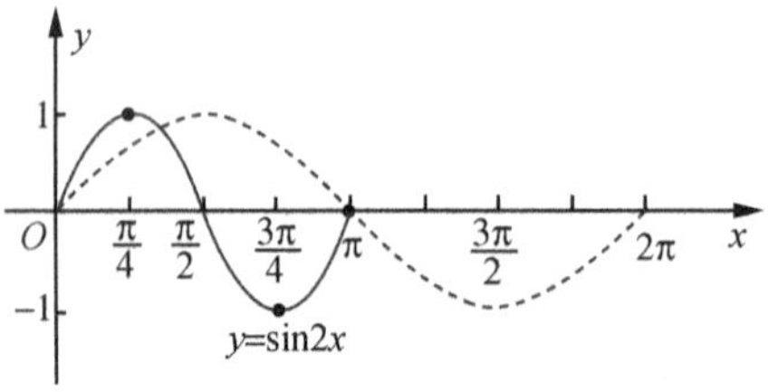

图 15-8

取 $y=\sin x$ 与 $y=\sin 2x$ 曲线上特殊的点，如表 15-3 所示.

表 15-3　$y=\sin x$ 和 $y=\sin 2x$ 曲线上特殊的点

$2x$	0	$\frac{\pi}{2}$	π	$\frac{3\pi}{2}$	2π
x	0	$\frac{\pi}{4}$	$\frac{\pi}{2}$	$\frac{3\pi}{4}$	π
$y=\sin x$	0	$\frac{\sqrt{2}}{2}$	1	$\frac{\sqrt{2}}{2}$	0
$y=\sin 2x$	0	1	0	-1	0

图象的变换在本质上是点的变换：由处于同一水平线上的点通过周期变换得到$\left[\text{纵坐标保持不变，横坐标缩小到原来的}\frac{1}{2}\text{，函数 } y=\sin x \text{ 上的点}(x,y)\text{与函数 } y=\sin 2x \text{ 上的点}\left(\frac{x}{2},y\right)\text{对应}\right]$.

周期变换：函数 $y=\sin\omega x, x\in \mathbf{R}(\omega>0)$的图象可以看作把函数 $y=\sin x, x\in \mathbf{R}$ 图象上的所有点的纵坐标保持不变，而横坐标扩大(当 $0<\omega<1$ 时)或缩小(当 $\omega>1$ 时)到原来的$\frac{1}{\omega}$倍而得到，周期也变为原来的$\frac{1}{\omega}$倍，即$\frac{2\pi}{\omega}$. 函数 $y=\sin\omega x, x\in \mathbf{R}(A>0)$的值域是$[-1,1]$.

4. 平移变换：$y=\sin(x+\varphi), x\in \mathbf{R}$

如图 15-9 所示是 $y=\sin x$ 与 $y=\sin\left(x+\frac{\pi}{3}\right)$的图象.

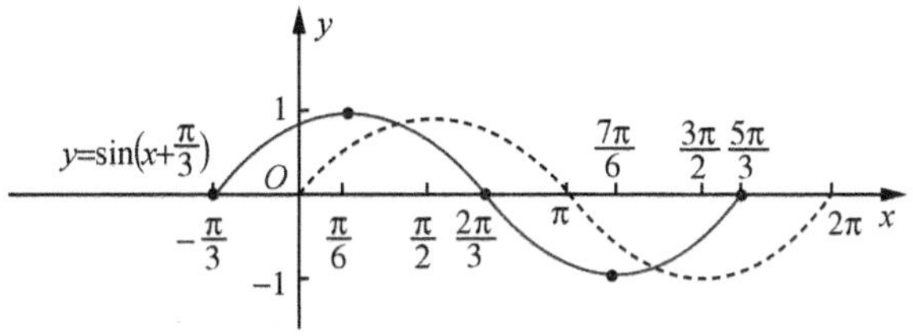

图 15-9

取 $y=\sin x$ 与 $y=\sin\left(x+\frac{\pi}{3}\right)$ 曲线上特殊的点，如表 15-4 所示.

表 15-4　$y=\sin x$ 和 $y=\sin\left(x+\frac{\pi}{3}\right)$ 曲线上特殊的点

$x+\frac{\pi}{3}$	0	$\frac{\pi}{2}$	π	$\frac{3\pi}{2}$	2π
x	$-\frac{\pi}{3}$	$\frac{\pi}{6}$	$\frac{2\pi}{3}$	$\frac{7\pi}{6}$	$\frac{5\pi}{3}$
$y=\sin x$	$-\frac{\sqrt{3}}{2}$	$\frac{1}{2}$	$\frac{\sqrt{3}}{2}$	$-\frac{1}{2}$	$-\frac{\sqrt{3}}{2}$
$y=\sin\left(x+\frac{\pi}{3}\right)$	0	1	0	-1	0

图象的变换在本质上是点的变换：由表示同一函数值的点通过平移变换得到$\left[\text{向左平移}\frac{\pi}{3}\text{个单位，函数 } y=\sin x \text{ 上的点}(x,y)\text{与函数 } y=\sin\left(x+\frac{\pi}{3}\right)\text{上的点}\left(x-\frac{\pi}{3},y\right)\text{对应}\right]$.

平移变换：函数 $y=\sin(x+\varphi)$，$x\in\mathbf{R}$ 的图象可以看作把函数 $y=\sin x$，$x\in\mathbf{R}$ 的图象向左（当 $\varphi>0$ 时）或向右（当 $\varphi<0$ 时）平移 $|\varphi|$ 个单位而得到，其值域和周期都保持不变.

① 平移变换不改变函数图象的形状和大小，只改变函数图象的位置.

② 口诀：左加右减.

5. 正弦型函数

（1）定义：形如 $y=A\sin(\omega x+\varphi)$，$x\in\mathbf{R}$ 的函数（$A>0$，$\omega>0$，A，ω，φ 都是常数）叫作正弦型函数，其图象叫作正弦型曲线，其中 A 叫作振幅，ω 叫作角速度（或角频率），φ 叫作初相位．函数的周期是 $T=\frac{2\pi}{\omega}$.

（2）图象$\left[y=\sin x, y=3\sin x, y=\sin 2x, y=\sin\left(x+\frac{\pi}{3}\right)\right]$.

（3）性质.

① 定义域：**R**.

② 值域：$[-A,A]$.

③ 最值(整体代换)：

当 $\omega x+\varphi=-\frac{\pi}{2}+2k\pi,k\in\mathbf{Z}$ 时，y 取得最小值 $-A$，此时，$x=\frac{-\frac{\pi}{2}+2k\pi-\varphi}{\omega}$；

或当 $\omega x+\varphi=\frac{3\pi}{2}+2k\pi,k\in\mathbf{Z}$ 时，y 取得最小值 $-A$，此时，$x=\frac{\frac{3\pi}{2}+2k\pi-\varphi}{\omega}$.

当 $\omega x+\varphi=\frac{\pi}{2}+2k\pi,k\in\mathbf{Z}$ 时 y 取得最大值 A，此时，$x=\frac{\frac{\pi}{2}+2k\pi-\varphi}{\omega}$.

④ 零点：$x=\frac{k\pi-\varphi}{\omega},k\in\mathbf{Z}$(整体代换：$\omega x+\varphi=k\pi$).

⑤ 对称轴：$x=\frac{\frac{\pi}{2}+k\pi-\varphi}{\omega},k\in\mathbf{Z}\left(\text{整体代换：}\omega x+\varphi=\frac{\pi}{2}+k\pi\right)$.

⑥ 对称中心：$\left(\frac{k\pi-\varphi}{\omega},0\right)(k\in\mathbf{Z})$[整体代换：$(k\pi,0)$].

⑦ 单调性$\left(\text{选定长度为 }2\pi\text{ 的区间}\left[-\frac{\pi}{2},\frac{3\pi}{2}\right]\right)$.

单调增区间：$\left[\frac{-\frac{\pi}{2}+2k\pi-\varphi}{\omega},\frac{\frac{\pi}{2}+2k\pi-\varphi}{\omega}\right](k\in\mathbf{Z})$.

$\left(\text{整体代换：}\left\{x\,\middle|\,-\frac{\pi}{2}+2k\pi\leqslant\omega x+\varphi\leqslant\frac{\pi}{2}+2k\pi,k\in\mathbf{Z}\right\}.\right)$

单调减区间：$\left[\frac{\frac{\pi}{2}+2k\pi-\varphi}{\omega},\frac{\frac{3\pi}{2}+2k\pi-\varphi}{\omega}\right](k\in\mathbf{Z})$.

$\left(\text{整体代换：}\left\{x\,\middle|\,\frac{\pi}{2}+2k\pi\leqslant\omega x+\varphi\leqslant\frac{3\pi}{2}+2k\pi,k\in\mathbf{Z}\right\}.\right)$

⑧ 奇偶性：当 $\varphi=0$ 时，其为 **R** 上的奇函数；当 $\varphi\neq0$ 时，其既不是奇函数，也不是偶函数.

⑨ 周期性：周期为 $T=\frac{2\pi}{\omega}\left(\text{因 }\sin\left[\omega\left(x+\frac{2\pi}{\omega}\right)+\varphi\right]=\sin(\omega x+\varphi)\right)$.

6. $y=\sin x \to y=A\sin(\omega x+\varphi)$的变换方式$\left[以\ y=6\sin\left(2x-\frac{\pi}{3}\right)为例\right]$

可通过以下两种方法得到.

(1) 平移→周期→振幅.

① $y=\sin x \to y=\sin\left(x-\frac{\pi}{3}\right)$:把函数 $y=\sin x, x\in\mathbf{R}$ 的图象向右平移$\frac{\pi}{3}$个单位,得到函数 $y=\sin\left(x-\frac{\pi}{3}\right)$的图象.

② $y=\sin\left(x-\frac{\pi}{3}\right)\to y=\sin\left(2x-\frac{\pi}{3}\right)$:把函数 $y=\sin\left(x-\frac{\pi}{3}\right), x\in\mathbf{R}$ 图象上所有点的纵坐标保持不变,横坐标缩小到原来的$\frac{1}{2}$,得到函数 $y=\sin\left(2x-\frac{\pi}{3}\right)$的图象.

③ $y=\sin\left(2x-\frac{\pi}{3}\right)\to y=6\sin\left(2x-\frac{\pi}{3}\right)$:把函数 $y=\sin\left(2x-\frac{\pi}{3}\right), x\in\mathbf{R}$ 图象上所有点的横坐标保持不变,纵坐标扩大到原来的 6 倍,得到函数 $y=6\sin\left(2x-\frac{\pi}{3}\right)$的图象.

(2) 周期→平移→振幅.

① $y=\sin x\to y=\sin 2x$:把函数 $y=\sin x, x\in\mathbf{R}$ 图象上所有点的纵坐标保持不变,横坐标缩小到原来的$\frac{1}{2}$,得到函数 $y=\sin 2x$ 的图象.

② $y=\sin 2x\to y=\sin\left(2x-\frac{\pi}{3}\right)$:把函数 $y=\sin 2x, x\in\mathbf{R}$ 的图象向右平移$\frac{\pi}{6}$个单位,得到函数 $y=\sin\left(2x-\frac{\pi}{3}\right)$的图象.

③ $y=\sin\left(2x-\frac{\pi}{3}\right)\to y=6\sin\left(2x-\frac{\pi}{3}\right)$:把函数 $y=\sin\left(2x-\frac{\pi}{3}\right), x\in\mathbf{R}$ 图象上所有点的横坐标保持不变,纵坐标扩大到原来的 6 倍,得到函数 $y=6\sin\left(2x-\frac{\pi}{3}\right)$的图象.

注意:平移量的大小由 x 决定$\left\{y=\sin 2x\to y=\sin\left[2\left(x-\frac{\pi}{6}\right)\right]\right\}$.

例题讲解

例 1 当 x 分别为何值时，正弦型函数 $y=5\sin\left(3x-\frac{2\pi}{5}\right)$ 取得最大值和最小值？

解 由题设，知当 $3x-\frac{2\pi}{5}=\frac{\pi}{2}+2k\pi, k\in\mathbf{Z}$，亦即

$$x=\frac{3\pi}{10}+\frac{2k\pi}{3}, k\in\mathbf{Z}$$

时，正弦型函数 $y=5\sin\left(3x-\frac{2\pi}{5}\right)$ 取得最大值 5.

同样地，当 $3x-\frac{2\pi}{5}=\frac{3\pi}{2}+2k\pi, k\in\mathbf{Z}$，亦即

$$x=\frac{19\pi}{30}+\frac{2k\pi}{3}, k\in\mathbf{Z}$$

时，正弦型函数 $y=5\sin\left(3x-\frac{2\pi}{5}\right)$ 取得最小值 -5.

例 2（2017.18） 已知函数 $f(x)=\sqrt{3}\sin x\cos x-\frac{1}{2}\cos 2x$，求 $f(x)$ 的最小正周期.

解 由题设，知

$$\begin{aligned} f(x)&=\sqrt{3}\sin x\cos x-\frac{1}{2}\cos 2x \\ &=\frac{\sqrt{3}}{2}\cdot 2\sin x\cos x-\frac{1}{2}\cos 2x \\ &=\frac{\sqrt{3}}{2}\cdot\sin 2x-\frac{1}{2}\cos 2x \\ &=\sin 2x\cdot\cos\frac{\pi}{6}-\cos 2x\cdot\sin\frac{\pi}{6} \\ &=\sin\left(2x-\frac{\pi}{6}\right). \end{aligned}$$

故 $f(x)$ 的最小正周期为 $T=\frac{2\pi}{2}=\pi$.

例 3（2011.15） 已知正弦型函数 $y=A\sin(\omega x+\varphi)$ $(A>0, \omega>0)$ 图象的一个最高点为 $(1,3)$，其相邻的一个最低点为 $(5,-3)$，试求 ω 的值.

解 由题设，知该正弦型函数 $y=A\sin(\omega x+\varphi)$ 的周期为

$$T=2\times(5-1)=8.$$

由正弦型函数的周期计算公式，知

$$T=\frac{2\pi}{\omega}=8,$$

解之，得 $\omega=\frac{\pi}{4}$.

例 4　已知函数 $f(x)=2\sin x\cos x+\cos 2x$，求：

(1) 函数 $f(x)$的周期；

(2) x 为何值时函数 $f(x)$取得最大值和最小值，并求出最大值和最小值.

解　(1) 由题设，知

$$\begin{aligned}f(x)&=2\sin x\cos x+\cos 2x\\&=\sin 2x+\cos 2x\\&=\sqrt{2}\sin\left(2x+\frac{\pi}{4}\right),\end{aligned}$$

故函数 $f(x)$的周期为 $T=\pi$.

(2) 由题设及(1)，若使函数 $f(x)$取得最大值，需

$$2x+\frac{\pi}{4}=\frac{\pi}{2}+2k\pi,k\in\mathbf{Z},$$

解之，得 $x=\frac{\pi}{8}+k\pi,k\in\mathbf{Z}$，且函数 $f(x)$的最大值为$\sqrt{2}$. 同样地，若使函数 $f(x)$取得最小值，需

$$2x+\frac{\pi}{4}=-\frac{\pi}{2}+2k\pi,k\in\mathbf{Z},$$

解之，得 $x=-\frac{3\pi}{8}+k\pi,k\in\mathbf{Z}$，且函数 $f(x)$的最小值为$-\sqrt{2}$.

例 5　已知 $\boldsymbol{a}=(\sqrt{3}\sin x,-\cos x)$，$\boldsymbol{b}=(\cos x,\cos x)$，且 $f(x)=\boldsymbol{a}\cdot\boldsymbol{b}$.

(1) 求函数 $f(x)$的最小正周期和最大值；

(2) 若 $f\left(\theta+\frac{\pi}{12}\right)=0$，且 θ 为锐角，求 $\sin\theta+\cos\theta$ 的值.

解　(1) 由题设，知

$$\begin{aligned}f(x)&=\boldsymbol{a}\cdot\boldsymbol{b}\\&=(\sqrt{3}\sin x,-\cos x)\cdot(\cos x,\cos x)\\&=\sqrt{3}\sin x\cos x-\cos^2 x\\&=\frac{\sqrt{3}}{2}\sin 2x-\frac{1+\cos 2x}{2}\\&=\sin 2x\cdot\cos\frac{\pi}{6}-\cos 2x\cdot\sin\frac{\pi}{6}-\frac{1}{2}\end{aligned}$$

$$=\sin\left(2x-\frac{\pi}{6}\right)-\frac{1}{2},$$

故函数 $f(x)$ 的最小正周期为 $T=\pi$，且函数 $f(x)$ 的最大值为 $\frac{1}{2}$.

（2）由题设及（1），知

$$f\left(\theta+\frac{\pi}{12}\right)=\sin\left[2\left(\theta+\frac{\pi}{12}\right)-\frac{\pi}{6}\right]-\frac{1}{2}$$

$$=\sin2\theta-\frac{1}{2}$$

$$=0,$$

故 $\sin2\theta=\frac{1}{2}$. 此时，有

$$(\sin\theta+\cos\theta)^2=1+\sin2\theta=\frac{3}{2}.$$

由 θ 为锐角，知 $\sin\theta$、$\cos\theta>0$，故 $\sin\theta+\cos\theta=\frac{\sqrt{6}}{2}$.

课后练习

1. (2015.3)　函数 $f(x)=\sin\left(2x+\frac{\pi}{4}\right)$ 在区间 $\left[0,\frac{\pi}{2}\right]$ 上的最小值是（　　）.

A. $-\frac{\sqrt{2}}{2}$　　B. $-\frac{1}{2}$　　C. $\frac{1}{2}$　　D. $\frac{\sqrt{2}}{2}$

2. 函数 $y=\sin\left(2x+\frac{5\pi}{2}\right)$ 的图象的一条对称轴方程是（　　）.

A. $x=-\frac{\pi}{2}$　　B. $x=-\frac{\pi}{4}$　　C. $x=\frac{\pi}{8}$　　D. $x=\frac{5\pi}{4}$

3. 函数 $y=2\sin\left(\frac{\pi}{6}-2x\right)$ 在 $[0,\pi]$ 上的单调增区间为（　　）.

A. $\left[0,\frac{\pi}{3}\right]$　　B. $\left[\frac{\pi}{12},\frac{7\pi}{12}\right]$　　C. $\left[\frac{\pi}{3},\frac{5\pi}{6}\right]$　　D. $\left[\frac{5\pi}{6},\pi\right]$

4. 要使等式 $2\sin\left(2x-\frac{\pi}{5}\right)=3m-1$ 成立 $(x\in\mathbf{R})$，则实数 m 的取值范围是________.

5. 已知函数 $y=2\sin\left(\omega x+\frac{\pi}{3}\right)(\omega>0)$ 的最小正周期是 $\frac{\pi}{4}$，则 $\omega=$________.

6. 将 $y=\sin x$ 的图象作哪些变换可得到函数 $y=2\sin\left(3x-\frac{\pi}{4}\right)$ 的图象？

7. (2018.20)　已知正弦型函数 $f(x)=H\sin(\omega x+\varphi)$，其中常数 $H>0$，$\omega>0$，$0<\varphi<\frac{\pi}{2}$，若函数的一个最高点与其相邻的最低点的坐标分别是 $\left(\frac{\pi}{12},3\right)$，$\left(\frac{7\pi}{12},-3\right)$.

(1) 求 $f(x)$ 的解析式；

(2) 求 $f(x)$ 的单调递增区间.

8.（2020.19） 已知函数 $f(x)=2\cos\frac{x}{2}\left(\sqrt{3}\cos\frac{x}{2}-\sin\frac{x}{2}\right)$，又在$\triangle ABC$中，三个角 A,B,C 所对的边分别为 a,b,c，且 $f(A)=0$. 试求角 A 的大小.

15.4　正弦定理、余弦定理

知识梳理

1. 设定

为简单起见，在$\triangle ABC$中，记角A，B，C所对的边分别为a，b，c，且CD是边AB上的高，亦即$a=BC$，$b=AC$，$c=AB$，$CD\perp AB$，如图 15-10 所示.

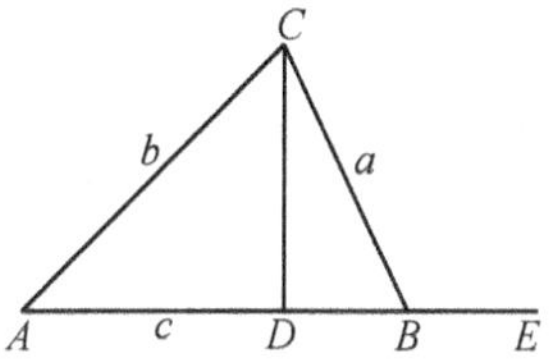

图 15-10

2. 三角形的边角关系

（1）三角形的内角和定理和外角和定理.

① $A+B+C=\pi$.

② 三角形的三个外角之和为 360°.

（2）三角形的外角定理：$\angle CBE=A+\angle ACB$.

（3）三角形的三边关系.

① 任意两边之和大于第三边，即

$$a+b>c,b+c>a,c+a>b.$$

② 任意两边之差小于第三边，即

$$a>c-b,b>a-c,c>b-a.$$

3. 三角形的面积公式

对图 15-10，有

$$S_{\triangle ABC}=\frac{1}{2}AB\cdot CD$$

$$=\frac{1}{2}AB\cdot AC\cdot \sin A$$

$$=\frac{1}{2}bc\sin A.$$

同样地，有 $S_{\triangle ABC}=\frac{1}{2}ab\sin C=\frac{1}{2}ca\sin B$，故而有

$$S_{\triangle ABC}=\frac{1}{2}ab\sin C=\frac{1}{2}bc\sin A=\frac{1}{2}ca\sin B.$$

4. 正弦定理

过点 C 向 AB 作垂线，垂足为 D. 在 $\mathrm{Rt}\triangle ADC$ 中，有

$$CD=AC\cdot \sin A=b\sin A.$$

在 $\mathrm{Rt}\triangle BDC$ 中，有

$$CD=BC\cdot \sin B=a\sin B.$$

故而有 $b\cdot \sin A=a\cdot \sin B$. 由 $\sin A>0$，$\sin B>0$，知

$$\frac{a}{\sin A}=\frac{b}{\sin B}.$$

同理可知$\frac{a}{\sin A}=\frac{c}{\sin C}$，故而有

$$\frac{a}{\sin A}=\frac{b}{\sin B}=\frac{c}{\sin C}. \tag{15.9}$$

式(15.9)被称为正弦定理.

5. 正弦定理的推导过程

$$\frac{a}{\sin A}=\frac{b}{\sin B}=\frac{c}{\sin C}=2R.$$

式中，R 是$\triangle ABC$ 的外接圆的半径，如图 15-11 所示.

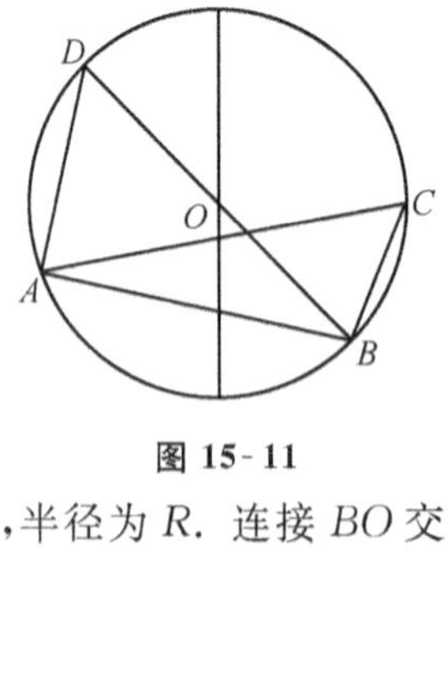

图 15-11

圆 O 是$\triangle ABC$ 的外接圆，半径为 R. 连接 BO 交圆周于 D，连接 AD. 由圆周角定理的推论，知

$$\angle C=\angle D, \angle BAD=90°.$$

故而有

$$\frac{c}{\sin C}=\frac{c}{\sin D}=BD=2R.$$

因此

$$\frac{a}{\sin A}=\frac{b}{\sin B}=\frac{c}{\sin C}=2R.$$

6. 正弦定理的变形公式

(1) $a=2R\sin A, b=2R\sin B, c=2R\sin C$(齐次式化简).

(2) $a\sin B=b\sin A, b\sin C=c\sin B, c\sin A=a\sin C$.

(3) $a:b:c=\sin A:\sin B:\sin C$.

(4) $\frac{a}{\sin A}=\frac{a+b}{\sin A+\sin B}=\frac{a+b+c}{\sin A+\sin B+\sin C}$.

正弦定理变形公式的推导:

$$\begin{aligned}\frac{a}{\sin A}=\frac{b}{\sin B}=\frac{c}{\sin C}\\ &=\frac{a+b}{\sin A+\sin B}=\frac{b+c}{\sin B+\sin C}\\ &=\frac{c+a}{\sin C+\sin A}=\frac{a+b+c}{\sin A+\sin B+\sin C}\\ &=2R.\end{aligned}$$

(5) $\sin A=\frac{a}{2R}, \sin B=\frac{b}{2R}, \sin C=\frac{c}{2R}$.

(6) $S_{\triangle ABC}=\frac{1}{2}ab\sin C=\frac{1}{2}bc\sin A=\frac{1}{2}ca\sin B=\frac{abc}{4R}$.

(7) 由 $a>b$,可推得 $\sin A>\sin B$,继而可推得 $A>B$.

备注:大边对大角,小边对小角;反之亦然.

7. 解三角形

在$\triangle ABC$中的六个要素(A, B, C, a, b, c)中,如果知道其中三个,可以求出余下的三个,也就是所谓的"知三求三".

8. 正弦定理的适用范围

(1) 已知两角和任一边,求另两边和一角.

(2) 已知两边和其中一边的对角,求其他的边和角.

对于(2)，解的个数有三种情况：无解、一解或两解．例如，给定 a,b,A，下面分两种情形说明．

情形一：当 A 为锐角时，可分成四类．

① 当 $a<b\sin A$ 时，无解．

② 当 $a=b\sin A$ 时，一解(B 为直角)．

③ 当 $b\sin A<a<b$ 时，两解(B 为锐角或钝角)．

④ 当 $a\geqslant b$ 时，一解(B 为锐角)．

情形二：当 A 为直角或钝角时，可分成两类．

① 当 $a\leqslant b$ 时，无解．

② 当 $a>b$ 时，一解(B 为锐角)．

9. 余弦定理

对图 15-10，有

$$\begin{aligned}BC^2&=BD^2+CD^2\\&=BD^2+(AC^2-AD^2)\\&=AC^2+(BD^2-AD^2)\\&=AC^2+(BD+AD)\cdot(BD-AD)\\&=AC^2+AB\cdot(AB-AD-AD)\\&=AC^2+AB\cdot(AB-2AD)\\&=AC^2+AB^2-2\cdot AB\cdot AD\\&=AC^2+AB^2-2\cdot AB\cdot AC\cdot\cos A,\end{aligned}$$

亦即

$$a^2=b^2+c^2-2bc\cos A. \tag{15.10}$$

同样地，有

$$b^2=c^2+a^2-2ca\cos B. \tag{15.11}$$

$$c^2=a^2+b^2-2ab\cos C. \tag{15.12}$$

式(15.10)至式(15.12)被称为余弦定理．

10. 余弦定理的变形

$$\cos A=\frac{b^2+c^2-a^2}{2bc},\ \cos B=\frac{c^2+a^2-b^2}{2ca},\ \cos C=\frac{a^2+b^2-c^2}{2ab}.$$

备注：勾股定理是余弦定理的一个特例．

11. 余弦定理的适用范围

(1) 已知三边.

(2) 已知两边及其夹角.

12. 已知三边的三角形形状的判定

假设 a 是△ABC 的三边 a,b,c 中的最长边($a\geqslant b$,且 $a\geqslant c$).

(1) 若 $a^2>b^2+c^2$,则△ABC 是钝角三角形.

备注:

$\cos A=\dfrac{b^2+c^2-a^2}{2bc}<0$.

(2) 若 $a^2=b^2+c^2$,则△ABC 是直角三角形.

(3) 若 $a^2<b^2+c^2$,则△ABC 是锐角三角形.

例题讲解

例 1　在△ABC 中,$a\cos A=b\cos B$,试判断△ABC 的形状.

解　解法一(正弦定理)　由正弦定理的变形,知

$$a=2R\sin A, b=2R\sin B.$$

由题设条件,知

$$2R\sin A\cos A=2R\sin B\cos B,$$

故 $\sin 2A=\sin 2B$. 由 $a\cos A=b\cos B$,知 $\cos A>0,\cos B>0$,故而有

$$0°<A<90°, 0°<B<90°,$$

从而 $0°<2A<180°$,$0°<2B<180°$. 由 $\sin 2A=\sin 2B$,知

$$2A=2B \text{ 或 } 2A+2B=180°,$$

亦即 $A=B$ 或 $A+B=90°$,故△ABC 是等腰或直角三角形.

解法二(余弦定理)　由题设及余弦定理,知

$$a\cos A=a\cdot\frac{b^2+c^2-a^2}{2bc}=b\cdot\frac{c^2+a^2-b^2}{2ca}=b\cos B,$$

故而有

$$a^2\cdot\frac{b^2+c^2-a^2}{2abc}=b^2\cdot\frac{c^2+a^2-b^2}{2abc},$$

从而

$$a^2(b^2+c^2-a^2)=b^2(c^2+a^2-b^2).$$

整理,得

$$a^4-b^4=(a^2+b^2)\cdot(a^2-b^2)=c^2(a^2-b^2)=a^2c^2-b^2c^2,$$

故而有

$$(a^2-b^2)\cdot(a^2+b^2-c^2)=0,$$

从而 $a=b$ 或 $c^2=a^2+b^2$，故$\triangle ABC$ 是等腰或直角三角形.

例 2(2017.18)　已知函数 $f(x)=\sqrt{3}\sin x\cos x-\frac{1}{2}\cos 2x$.

(1) 求 $f(x)$的最小正周期；

(2) 在$\triangle ABC$ 中，三个角 A,B,C 所对的边分别为 a,b,c，若 $f(A)=1$，$c=2a\cos B$，$b=6$，求$\triangle ABC$ 的面积.

解　(1) $f(x)=\sqrt{3}\sin x\cos x-\frac{1}{2}\cos 2x$

$$=\frac{\sqrt{3}}{2}\sin 2x-\frac{1}{2}\cos 2x$$

$$=\sin 2x\cos\frac{\pi}{6}-\cos 2x\sin\frac{\pi}{6}$$

$$=\sin\left(2x-\frac{\pi}{6}\right).$$

故 $f(x)$的最小正周期为

$$T=\frac{2\pi}{2}=\pi.$$

(2) 由题设，知 $f(A)=\sin\left(2A-\frac{\pi}{6}\right)=1$.

因为 $0<A<\pi$，故

$$-\frac{\pi}{6}<2A-\frac{\pi}{6}<\frac{11\pi}{6}.$$

由 $\sin\left(2A-\frac{\pi}{6}\right)=1$，知 $2A-\frac{\pi}{6}=\frac{\pi}{2}$，故 $A=\frac{\pi}{3}$.

或由 $\sin\left(2A-\frac{\pi}{6}\right)=1$，知 $2A-\frac{\pi}{6}=\frac{\pi}{2}+2k\pi,k\in\mathbf{Z}$，故 $A=\frac{\pi}{3}+k\pi$. 由 $0<A<\pi$，知

$$-\frac{1}{3}<k<\frac{2}{3}.$$

故 $k=0$，$A=\frac{\pi}{3}$.

解法一　由正弦定理 $\frac{a}{\sin A}=\frac{b}{\sin B}=\frac{c}{\sin C}=2R$（$R$ 是$\triangle ABC$ 的外接圆的半径），知

$$a=2R\sin A,c=2R\sin C.$$

由题设条件，知

$$c=2a\cos B=2\cdot 2R\sin A\cdot\cos B=2R\sin C,$$

故

$$\sin C=2\sin A\cos B.$$

而

$$\begin{aligned}\sin C&=\sin[\pi-(A+B)]\\&=\sin(A+B)\\&=\sin A\cos B+\cos A\sin B,\end{aligned}$$

从而

$$2\sin A\cos B-(\sin A\cos B+\cos A\sin B)=\sin A\cos B-\cos A\sin B=0,$$

故 $\sin(A-B)=0$. 由 $-\pi<A-B<\pi$，知 $A-B=0$，故 $A=B=C=\frac{\pi}{3}$，$\triangle ABC$ 是等边三角形. 由三角形的面积公式，知

$$S_{\triangle ABC}=\frac{1}{2}bc\sin A=\frac{1}{2}\times 6\times 6\times\sin\frac{\pi}{3}=9\sqrt{3}.$$

解法二　由余弦定理，知

$$c=2a\cos B=2a\cdot\frac{c^2+a^2-b^2}{2ca},$$

整理得 $a=b$. 由 $A=\frac{\pi}{3}$，知

$$\cos A=\frac{b^2+c^2-a^2}{2bc}=\frac{c}{2b}=\frac{1}{2},$$

故 $a=b=c$，$\triangle ABC$ 是等边三角形. 由三角形的面积公式，知

$$S_{\triangle ABC}=\frac{1}{2}bc\sin A=\frac{1}{2}\times 6\times 6\times\sin\frac{\pi}{3}=9\sqrt{3}.$$

备注：题设条件 $f(A)=1$，$c=2a\cos B$，$b=6$ 相当于给出两边及其夹角，使用余弦定理过程较简单.

例 3(2016. 18)　在 $\triangle ABC$ 中，角 A,B,C 的对边分别为 a,b,c，且 $\frac{b+2a}{c}=-\frac{\cos B}{\cos C}$.

(1) 求角 C 的大小；

(2) 若角 $B=\frac{\pi}{6}$，BC 边上的中线 $AM=\sqrt{7}$，求 $\triangle ABC$ 的面积.

解　(1)**解法一**　由正弦定理 $\frac{a}{\sin A}=\frac{b}{\sin B}=\frac{c}{\sin C}=2R$($R$ 是 $\triangle ABC$ 的外接圆

的半径)，知

$$a=2R\sin A,b=2R\sin B,c=2R\sin C.$$

由题设条件，知

$$\begin{aligned}\frac{b+2a}{c}&=\frac{2R\sin B+2\cdot 2R\sin A}{2R\sin C}\\&=\frac{\sin B+2\sin A}{\sin C}\\&=-\frac{\cos B}{\cos C},\end{aligned}$$

整理得

$$\sin B\cos C+\cos B\sin C+2\sin A\cos C=0,$$

而

$$\begin{aligned}\sin B\cos C+\cos B\sin C&=\sin(B+C)\\&=\sin(\pi-A)\\&=\sin A,\end{aligned}$$

故而有

$$\sin A+2\sin A\cos C=\sin A\cdot(1+2\cos C)=0.$$

由 $\sin A>0(0<A<\pi)$知，$1+2\cos C=0$，故 $\cos C=-\frac{1}{2}$. 由 $0<C<\pi$，知 $C=\frac{2\pi}{3}$.

解法二　由题设条件及余弦定理，知

$$-\frac{\cos B}{\cos C}=-\frac{\frac{c^2+a^2-b^2}{2ca}}{\frac{a^2+b^2-c^2}{2ab}}=\frac{b\cdot(b^2-c^2-a^2)}{c\cdot(a^2+b^2-c^2)}=\frac{b+2a}{c},$$

整理得

$$a^2b+a^3+ab^2-ac^2=0.$$

由 $a>0$，知

$$a^2+b^2-c^2=-ab,$$

故而有

$$\cos C=\frac{a^2+b^2-c^2}{2ab}=\frac{-ab}{2ab}=-\frac{1}{2}.$$

由 $0<C<\pi$，知 $C=\frac{2\pi}{3}$.

(2)如图 15-12 所示，M 是 BC 的中点.

由 $C=\frac{2\pi}{3}$，$B=\frac{\pi}{6}$知，$A=B$，故$\triangle ABC$ 是等腰三角形($AC=BC$). 设 $AC=2x$，

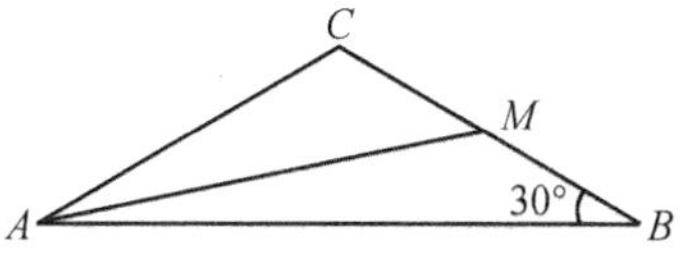

图 15-12

则 $CM=x$. 在$\triangle ACM$中,由余弦定理,知

$$\cos C=\frac{AC^2+CM^2-AM^2}{2AC\cdot CM}$$

$$=\frac{(2x)^2+x^2-(\sqrt{7})^2}{2\cdot 2x\cdot x}$$

$$=\frac{5x^2-7}{4x^2}$$

$$=-\frac{1}{2},$$

解之,得 $x=1$,故 $AC=2$. 由三角形的面积公式,知

$$S_{\triangle ABC}=\frac{1}{2}\cdot AC\cdot BC\cdot \sin C=\frac{1}{2}\times 2\times 2\times \sin\frac{2\pi}{3}=\sqrt{3}.$$

例 4　已知函数 $f(x)=\frac{\sqrt{3}}{2}\sin 2x+\cos^2 x-\frac{3}{2}$.

(1) 求函数 $f(x)$的最小正周期及在区间$\left[0,\frac{\pi}{2}\right]$上的最值;

(2) 在$\triangle ABC$中,角 A,B,C 所对的边分别为 a,b,c,若 $a=2,f(A)=-\frac{1}{2}$,试求角 A 的值及$\triangle ABC$的周长 l 的最大值.

解　(1) 由题设,知

$$f(x)=\frac{\sqrt{3}}{2}\sin 2x+\cos^2 x-\frac{3}{2}$$

$$=\frac{\sqrt{3}}{2}\sin 2x+\frac{1+\cos 2x}{2}-\frac{3}{2}$$

$$=\frac{\sqrt{3}}{2}\sin 2x+\frac{1}{2}\cos 2x-1$$

$$=\sin 2x\cos\frac{\pi}{6}+\cos 2x\sin\frac{\pi}{6}-1$$

$$=\sin\left(2x+\frac{\pi}{6}\right)-1.$$

故函数 $f(x)$的最小正周期为

$$T=\frac{2\pi}{2}=\pi.$$

因为 $x\in\left[0,\frac{\pi}{2}\right]$，故

$$2x+\frac{\pi}{6}\in\left[\frac{\pi}{6},\frac{7\pi}{6}\right],$$

$$\sin\left(2x+\frac{\pi}{6}\right)\in\left[-\frac{1}{2},1\right].$$

故而有

$$-\frac{3}{2}\leqslant\sin\left(2x+\frac{\pi}{6}\right)-1\leqslant 0,$$

亦即函数 $f(x)$ 在区间 $\left[0,\frac{\pi}{2}\right]$ 上的最大值为 0，最小值为 $-\frac{3}{2}$.

(2) 解法一　由(1)，知

$$f(A)=\sin\left(2A+\frac{\pi}{6}\right)-1=-\frac{1}{2},$$

解之，得 $\sin\left(2A+\frac{\pi}{6}\right)=\frac{1}{2}$. 由 $A\in(0,\pi)$，知 $2A+\frac{\pi}{6}\in\left(\frac{\pi}{6},\frac{13\pi}{6}\right)$，故 $2A+\frac{\pi}{6}=\frac{5\pi}{6}$. 解之，得 $A=\frac{\pi}{3}$.

由余弦定理，知

$$\cos A=\frac{b^2+c^2-a^2}{2bc}=\frac{(b+c)^2-2bc-a^2}{2bc}.$$

因为 $a=2$，$A=\frac{\pi}{3}$，故

$$(b+c)^2=4+3bc.$$

由基本不等式，知

$$(b+c)^2=4+3bc\leqslant 4+3\cdot\frac{(b+c)^2}{4}.$$

故而 $(b+c)^2\leqslant 16$，亦即 $b+c\leqslant 4$，当且仅当 $b=c=2$ 时等号成立，此时，$\triangle ABC$ 的周长 l 的最大值为 6.

解法二　由正弦定理，知

$$\frac{b}{\sin B}=\frac{c}{\sin C}=\frac{a}{\sin A}=\frac{2}{\sin\frac{\pi}{3}},$$

故而有

$$b+c=\frac{4}{\sqrt{3}}(\sin B+\sin C).$$

由 $A=\frac{\pi}{3}$，知 $B+C=\frac{2\pi}{3}$，从而

$$\begin{aligned}\sin B+\sin C&=\sin B+\sin\left(\frac{2\pi}{3}-B\right)\\&=\sin B+\sin\frac{2\pi}{3}\cos B-\cos\frac{2\pi}{3}\sin B\\&=\sin B+\frac{\sqrt{3}}{2}\cos B-\left(-\frac{1}{2}\right)\sin B\\&=\frac{3}{2}\sin B+\frac{\sqrt{3}}{2}\cos B\\&=\sqrt{3}(\frac{\sqrt{3}}{2}\sin B+\frac{1}{2}\cos B)\\&=\sqrt{3}\left(\sin B\cos\frac{\pi}{6}+\cos B\sin\frac{\pi}{6}\right)\\&=\sqrt{3}\sin\left(B+\frac{\pi}{6}\right).\end{aligned}$$

由 $B\in\left(0,\frac{2\pi}{3}\right)$，知 $B+\frac{\pi}{6}\in\left(\frac{\pi}{6},\frac{5\pi}{6}\right)$，故当 $B+\frac{\pi}{6}=\frac{\pi}{2}\left(B=\frac{\pi}{3}\right)$时，$\sin\left(B+\frac{\pi}{6}\right)$取最大值 1，从而

$$b+c=\frac{4}{\sqrt{3}}(\sin B+\sin C)=4\sin\left(B+\frac{\pi}{6}\right)$$

取最大值 4．故$\triangle ABC$ 的周长 l 的最大值为 6．

例 5　已知$\triangle ABC$ 是锐角三角形，a,b,c 分别是内角 A,B,C 所对的边长，并且 $\sin^2 A=\sin\left(\frac{\pi}{3}+B\right)\cdot\sin\left(\frac{\pi}{3}-B\right)+\sin^2 B$.

(1) 求角 A 的值；

(2) 若$\frac{\sin B}{\sin C}=\frac{2}{3}$，$a=2\sqrt{7}$，求 b,c.

解　(1) 由题设，知

$$\begin{aligned}\sin^2 A&=\sin\left(\frac{\pi}{3}+B\right)\cdot\sin\left(\frac{\pi}{3}-B\right)+\sin^2 B\\&=\left(\sin\frac{\pi}{3}\cos B+\cos\frac{\pi}{3}\sin B\right)\cdot\left(\sin\frac{\pi}{3}\cos B-\cos\frac{\pi}{3}\sin B\right)+\sin^2 B\\&=\left(\frac{\sqrt{3}}{2}\cos B+\frac{1}{2}\sin B\right)\cdot\left(\frac{\sqrt{3}}{2}\cos B-\frac{1}{2}\sin B\right)+\sin^2 B\\&=\frac{3}{4}\cos^2 B-\frac{1}{4}\sin^2 B+\sin^2 B\end{aligned}$$

$$=\frac{3}{4}(\cos^2 B+\sin^2 B)$$

$$=\frac{3}{4},$$

故而 $\sin A=\frac{\sqrt{3}}{2}(0<A<\pi)$. 由角 A 是锐角三角形的一个内角，知 $A=\frac{\pi}{3}$.

(2) 由题设及正弦定理，知

$$\frac{b}{c}=\frac{\sin B}{\sin C}=\frac{2}{3}.$$

不妨设 $b=2x, c=3x(x\neq 0)$. 由(1)及余弦定理，知

$$\begin{aligned}\cos A&=\frac{b^2+c^2-a^2}{2bc}\\&=\frac{(2x)^2+(3x)^2-(2\sqrt{7})^2}{2\cdot 2x\cdot 3x}\\&=\frac{1}{2},\end{aligned}$$

解之，得 $x=2$，故 $b=4, c=6$.

例 6 在 $\triangle ABC$ 中，若 $\sin A=\frac{4}{5}$，$\cos B=\frac{5}{13}$，求 $\cos C$.

解 由题设，知 $0°<B<180°$，故

$$\sin B=\sqrt{1-\cos^2 B}=\sqrt{1-\left(\frac{5}{13}\right)^2}=\frac{12}{13}.$$

由 $\cos B>0$，知 $0°<B<90°$.

因为 $\sin B>\sin A$，故 $B>A$，得 $0°<A<B<90°$. 故

$$\cos A=\sqrt{1-\sin^2 A}=\sqrt{1-\left(\frac{4}{5}\right)^2}=\frac{3}{5},$$

故而有

$$\begin{aligned}\cos C&=\cos[180°-(A+B)]\\&=-\cos(A+B)\\&=\sin A\sin B-\cos A\cos B\\&=\frac{4}{5}\times\frac{12}{13}-\frac{3}{5}\times\frac{5}{13}\\&=\frac{33}{65}.\end{aligned}$$

备注：在 $\triangle ABC$ 中，"$\sin A>\sin B$"是"$A>B$"的充要条件，如图 15-13 所示.

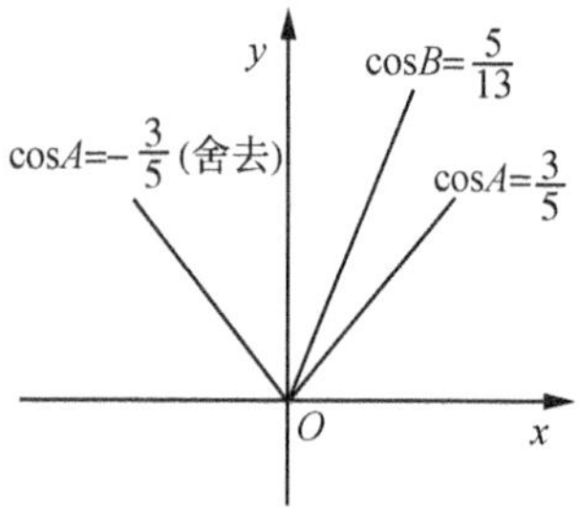

图 15-13

课后练习

1. 在$\triangle ABC$中，若$\frac{\cos A}{a}=\frac{\cos B}{b}=\frac{\cos C}{c}$，则$\triangle ABC$的形状为(　　).

A. 等腰三角形　　B. 直角三角形

C. 等腰直角三角形　　D. 等边三角形

2. 在$\triangle ABC$中，若$a=4, b=4\sqrt{3}, A=30^\circ$，则$B=$(　　).

A. 120°　　B. 120°或30°　　C. 60°　　D. 60°或120°

3. 在$\triangle ABC$中，若$(a+b+c)\cdot(b+c-a)=3bc$，则$A=$(　　).

A. 120°　　B. 150°　　C. 60°　　D. 30°

4. 在$\triangle ABC$中，若$A=60^\circ, a=\sqrt{3}$，则$\frac{b+c}{\sin B+\sin C}=$__________.

5. 在$\triangle ABC$中，$\sin A:\sin B:\sin C=2:3:4$，则$\cos C=$__________.

6. 已知$\triangle ABC$的三边长分别为a, b, c，且它的面积为

$$S_{\triangle ABC}=\frac{a^2+b^2-c^2}{4\sqrt{3}},$$

求角C的大小.

7．（2019．19） 设△ABC的内角A，B，C的对边分别为a，b，c，已知$2\sin B\cos C-\sin C=2\sin A$.

（1）求角B的大小；

（2）若$b=2\sqrt{3}$，$a+c=4$，求△ABC的面积.

8．（2020．19） 已知函数$f(x)=2\cos\frac{x}{2}\left(\sqrt{3}\cos\frac{x}{2}-\sin\frac{x}{2}\right)$，又在△$ABC$中，三个角$A$，$B$，$C$所对的边分别为$a$，$b$，$c$，且$f(A)=0$.

（1）求角A的大小；

（2）若$\sin B+\sin C=1$，$a=\sqrt{3}$，求△ABC的面积.

测 试 卷

（满分为 150 分，时间为 120 分钟）

一、单项选择题（本大题共 10 小题，每小题 4 分，共 40 分．在下列每小题中，选出一个正确答案）

1．$\cos(21°+\alpha)\cos(24°-\alpha)-\sin(21°+\alpha)\sin(24°-\alpha)=$（　　）．

A．$\frac{\sqrt{2}}{2}$　　B．$\cos2\alpha$

C．1　　D．$\cos(-3°+2\alpha)$

2．函数 $y=\sin\left(2x+\frac{5\pi}{2}\right)$的图象的一条对称轴方程是（　　）．

A．$x=-\frac{\pi}{2}$　　B．$x=-\frac{\pi}{4}$

C．$x=\frac{\pi}{8}$　　D．$x=\frac{5\pi}{4}$

3．若函数 $y=a\sin2x+\cos2x(x\in\mathbf{R})$的最大值为 2，则 $a=$（　　）．

A．-1　　B．$\pm\sqrt{3}$　　C．$\sqrt{3}$　　D．±1

4．在$\triangle ABC$ 中，若 $a:b:c=2\sqrt{3}:\sqrt{3}:3$，则$\triangle ABC$ 为（　　）．

A．直角三角形　　B．钝角三角形

C．锐角三角形　　D．等腰三角形

5．$\cos^2 15°-\frac{1}{2}$的值是（　　）．

A．$\frac{1}{2}$　　B．$\frac{\sqrt{3}}{4}$　　C．$\frac{1}{4}$　　D．1

6．将函数 $y=\sin x$ 的图象向右平移$\frac{\pi}{4}$个单位得到函数的解析式为（　　）．

A．$y=\sin\left(x-\frac{\pi}{4}\right)$　　B．$y=\sin\left(x+\frac{\pi}{4}\right)$

C．$y=\sin\left(x-\frac{\pi}{2}\right)$　　D．$y=\sin\left(x+\frac{\pi}{2}\right)$

7. 已知向量 $\boldsymbol{a}=(3,4)$，$\boldsymbol{b}=(\sin\alpha,\cos\alpha)$，且 $\boldsymbol{a}\perp\boldsymbol{b}$，则 $\tan2\alpha$ 的值为（　　）.

A. $\frac{4}{3}$　　B. $-\frac{4}{3}$　　C. $\frac{24}{7}$　　D. $-\frac{24}{7}$

8. 若 $\omega>0$，$0<\varphi<\pi$，且 $x=\frac{\pi}{4}$，$x=\frac{5\pi}{4}$是函数 $f(x)=\sin(\omega x+\varphi)$图象的两条相邻的对称轴，则 $\varphi=$（　　）.

A. $\frac{\pi}{4}$　　B. $\frac{\pi}{3}$　　C. $\frac{\pi}{2}$　　D. $\frac{3\pi}{4}$

9. 在$\triangle ABC$ 中，“$\sin A>\sin B$”是“$A>B$”的（　　）.

A. 充分不必要条件　　B. 必要不充分条件

C. 充要条件　　D. 既不充分也不必要条件

10. 已知角 A 是$\triangle ABC$ 的一个内角，若 $\sin A+\cos A=\frac{2}{3}$，则$\triangle ABC$ 是（　　）.

A. 锐角三角形　　B. 钝角三角形

C. 等边三角形　　D. 直角三角形

二、填空题（本大题共 5 小题，每小题 4 分，共 20 分）

11. 在$\triangle ABC$ 中，若 $A=60°$，$a=\sqrt{3}$，则$\frac{b+c}{\sin B+\sin C}=$__________.

12. 在$\triangle ABC$ 中，若 $\sin A:\sin B:\sin C=2:3:4$，则 $\cos C=$__________.

13. 已知 $\sin\left(\frac{\pi}{4}-x\right)=\frac{5}{13}$，$0<x<\frac{\pi}{4}$，则$\frac{\cos2x}{\cos\left(\frac{\pi}{4}+x\right)}=$__________.

14. 在$\triangle ABC$ 中，若 $\sin A-2\sin B\cos C=0$，则$\triangle ABC$ 的形状是__________.

15. 在$\triangle ABC$ 中，$2B=A+C$，且边长 $b=3$，$c=2$，则第三边 a 的长为________.

三、解答题（本大题共 8 小题，共 90 分）

16.（本题满分 8 分）已知$\triangle ABC$ 的三边长分别为 a,b,c，且它的面积 $S=\frac{a^2+b^2-c^2}{4\sqrt{3}}$，求角 C 的大小.

17. (本题满分 10 分)若 $\sin(\alpha+\beta)=\frac{1}{2}$,$\sin(\alpha-\beta)=\frac{1}{3}$,试求$\frac{\tan\alpha}{\tan\beta}$的值.

18. (本题满分 12 分)在$\triangle ABC$中,角 A,B,C 所对的边分别为 a,b,c,且 $a=2$,$\cos B=\frac{3}{5}$.

(1) 若 $b=4$,求 $\sin A$ 的值;

(2) 若$\triangle ABC$的面积为 $S_{\triangle ABC}=4$,求 b,c 的值.

19.（本题满分 12 分）设函数 $f(x)=3\sin\left(\omega x+\frac{\pi}{6}\right)(\omega>0)$，且以 $\frac{\pi}{2}$ 为最小正周期.

(1) 求 $f(0)$；

(2) 求 $f(x)$ 的解析式；

(3) 设 $\alpha\in\left(0,\frac{\pi}{2}\right)$，且 $f\left(\frac{\alpha}{2}\right)=\frac{3}{2}$，求 α 的值.

20.（本题满分 10 分）已知 $\triangle ABC$ 的三角 A,B,C 成等差数列，三边 a,b,c 成等比数列.

(1) 求角 B 的度数；

(2) 若 $\triangle ABC$ 的面积为 $S_{\triangle ABC}=\sqrt{3}$，求边 b 的长.

21. (本题满分 14 分)已知正弦型函数 $f(x)=H\sin(\omega x+\varphi)$,其中常数 $H>0$, $\omega>0$, $0<\varphi<\frac{\pi}{2}$,若函数的一个最高点与其相邻的最低点的坐标分别是 $\left(\frac{\pi}{12},3\right)$, $\left(\frac{7\pi}{12},-3\right)$.

(1) 求 $f(x)$的解析式;

(2) 求 $f(x)$的单调递增区间;

(3) 在$\triangle ABC$中,A为锐角,且 $f(A)=0$. 若 $AB=3$, $BC=3\sqrt{3}$,求$\triangle ABC$的面积S.

22. (本题满分 10 分)已知$\frac{\pi}{2}\leqslant\theta\leqslant\pi$,且 $\sin\theta=\frac{m-3}{m+5}$, $\cos\theta=\frac{4-2m}{m+5}$,试求 m 的值.

23. (本题满分 14 分)在$\triangle ABC$中，角 A,B,C 所对的边分别为 a,b,c，且满足 $\sin B+\sqrt{3}\cos B=\sqrt{3}$，$a=1$.

(1) 求角 B 的大小；

(2) 若 b 是 a 和 c 的等比中项，求$\triangle ABC$的面积.

第 16 章

坐标变换与参数方程

16.1　坐标轴平移

知识梳理

1. 直角坐标系 xOy

直角坐标系 xOy 的三要素：x 轴（横轴）、y 轴（纵轴）、O（原点）.

$A(x,y)$：直角坐标系下的坐标.

直角坐标系如图 16-1 所示.

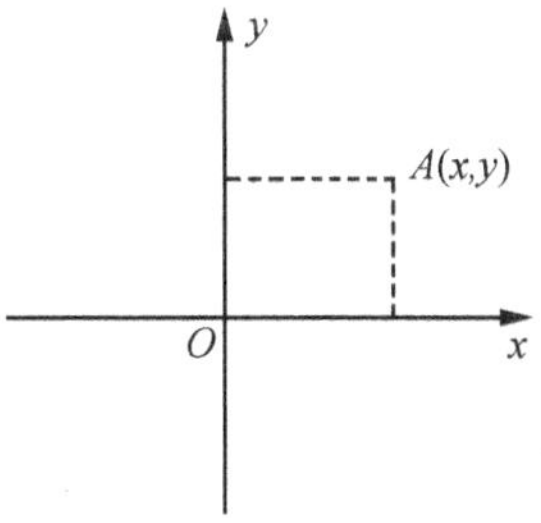

图 16-1

2. 极坐标系

极坐标系的四要素：Ox（极轴）、O（极点）、长度单位、角度单位和它的正方向.

ρ(线段 OM 的长度)：极径($\rho\geqslant 0$).

θ(从 Ox 到 OM 的角度)：极角($\theta\in[0,2\pi)$).

$M(\rho,\theta)$：极坐标系下的坐标.

极坐标系如图 16-2 所示.

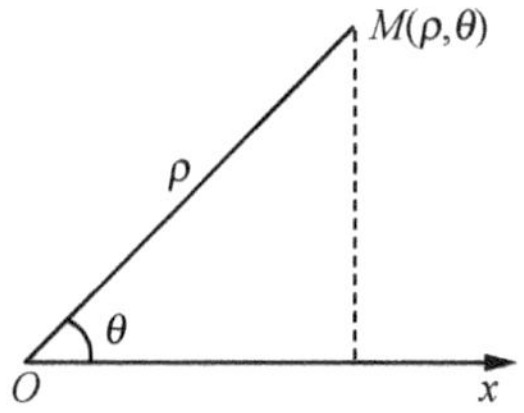

图 16-2

3. 直角坐标与极坐标之间的转化

直角坐标与极坐标之间的转化：

$$\begin{cases}\rho^2=x^2+y^2,\\ \tan\theta=\dfrac{y}{x},\end{cases}$$

或

$$\begin{cases}x=\rho\cos\theta,\\ y=\rho\sin\theta.\end{cases}$$

4. 坐标轴的平移

坐标轴的平移，只改变坐标原点的位置，而不改变坐标轴的方向和单位长度.

注意：坐标轴平移，不改变曲线的大小和形状，只改变曲线上点的坐标和曲线的方程.

5. 三个坐标

(1) $A(x,y)$：点 A 在原坐标系 xOy 中的坐标.

(2) $O'(x_0,y_0)$：新坐标系 $x'O'y'$ 的原点 O' 在原坐标系 xOy 中的坐标.

(3) $A(x',y')$：点 A 在新坐标系 $x'O'y'$ 中的坐标.

表 16-1 是图 16-3 中的点 O'、A 在原坐标系 xOy 以及新坐标系 $x'O'y'$ 中的坐标.

表 16-1　O'、A 在 xOy 和 $x'O'y'$ 中的坐标

点	xOy	$x'O'y'$
O'	$(-1,-1)$	$(0,0)$
A	$(2,1)$	$(3,2)$

备注：原坐标系 xOy 的原点 O 在新坐标系 $x'O'y'$ 中的坐标为 $(1,1)$.

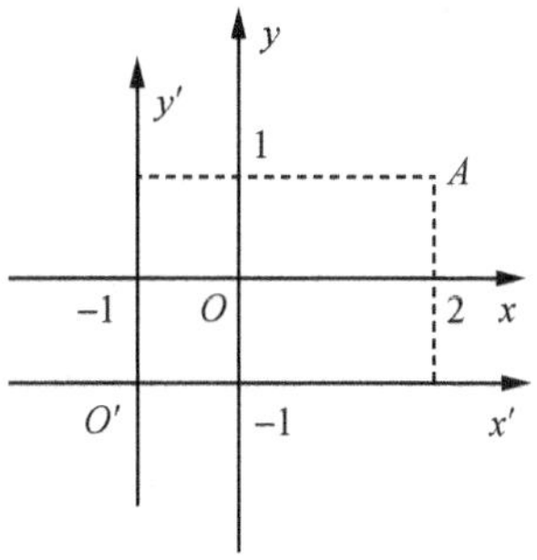

图 16-3

6. 坐标轴平移的坐标变换公式(坐标平移公式或移轴公式)

(1) $A(x',y'),O'(x_0,y_0)\to A(x,y)$(知新求旧)：$\begin{cases}x=x'+x_0,\\ y=y'+y_0\end{cases}$(新加).

(2) $A(x,y),O'(x_0,y_0)\to A(x',y')$(知旧求新)：$\begin{cases}x'=x-x_0,\\ y'=y-y_0\end{cases}$(旧减).

(3) $A(x',y'),A(x,y)\to O'(x_0,y_0)$(新旧求原)：$\begin{cases}x_0=x-x',\\ y_0=y-y'\end{cases}$(旧减).

备注：知二求一.

7. 化简曲线方程 $f(x,y)=0$ 的两种常用方法

(1) 代入法.

(2) 配方法(新坐标系的坐标原点的确定).

注意：运用坐标轴平移的坐标变换公式化简曲线方程时，新方程中出现的常数只能乘除(如 $y'=-2x'^2$)，不能加减(如 $y'=-2x'^2+3$).

例题讲解

例 1　已知点 A 在坐标系 xOy 中的坐标为 $(4,-1)$，如何平移坐标轴，使得点 A 在新坐标系 $x'O'y'$ 中的坐标为 $(2,-5)$？求在此平移变换下点 $B(3,-1)$ 的原坐标.

解　由题设，知 $x_A=4,y_A=-1,x'_A=2,y'_A=-5,x'_B=3,y'_B=-1$. 设新坐标系的原点 O' 在原坐标系 xOy 中的坐标是 (x_0,y_0)，点 B 的原坐标是 (x_B,y_B). 由移轴公式，知

$$\begin{cases}x_0=x_A-x'_A=4-2=2,\\ y_0=y_A-y'_A=-1-(-5)=4,\end{cases}$$

故新坐标系原点 O' 在原坐标系 xOy 中的坐标是(2,4)，应将原点移至此处. 此时，由移轴公式，知

$$\begin{cases}x_B=x'_B+x_0=3+2=5,\\ y_B=y'_B+y_0=-1+4=3,\end{cases}$$

故在此平移变换下点 $B(3,-1)$ 的原坐标为(5,3).

例 2 平移坐标轴，将坐标原点移至 $O'(2,-4)$，曲线在新坐标系中的方程为 $2x'-3y'+3=0$，求此曲线在原坐标系 xOy 中的方程.

解 由题设，知 $x_0=2$，$y_0=-4$，由移轴公式，知

$$\begin{cases}x'=x-x_0=x-2,\\ y'=y-y_0=y+4,\end{cases}$$

故而有

$$2(x-2)-3(y+4)+3=0,$$

整理得 $2x-3y-13=0$，此即是此曲线在原坐标系 xOy 中的方程.

例 3 在坐标系 xOy 中，直线 l 的方程是 $2x-3y-6=0$，在新坐标系 $x'O'y'$ 中，l 的方程是 $2x'-3y'=0$，试求原点 O 的新坐标 (x_0,y_0) 满足的关系式.

解 由题设及移轴公式 $\begin{cases}x=x'+x_0,\\ y=y'+y_0\end{cases}$ 知，直线 l 的原方程为

$$2x-3y-6=0.$$

可化为

$$2(x'+x_0)-3(y'+y_0)-6=0,$$

整理得 $2x'-3y'+2x_0-3y_0-6=0$，与直线 l 的新方程 $2x'-3y'=0$ 相比较，知 $2x_0-3y_0-6=0$，此即为原点 O 的新坐标 (x_0,y_0) 满足的关系式.

例 4 平移坐标轴，化简曲线方程 $4x^2-9y^2+16x-54y-29=0$.

解 由题设，配方，得

$$4(x^2+2\cdot x\cdot 2+2^2)-9(y^2+2\cdot y\cdot 3+3^2)=29+4\cdot 2^2-9\cdot 3^2.$$

整理，得

$$9(y+3)^2-4(x+2)^2=36.$$

此时，令

$$\begin{cases}x'=x+2,\\ y'=y+3,\end{cases}$$

原方程可化简为 $9y'^2-4x'^2=36$，需将坐标原点移至(−2,−3).

例 5 平移坐标轴，化简曲线方程 $x^2+4x-2y-2=0$.

解 由题设，配方，得

$$x^2+4x+4=2y+2+4.$$

整理,得

$$(x+2)^2=2(y+3).$$

此时,令

$$\begin{cases}x'=x+2,\\y'=y+3,\end{cases}$$

原方程可化简为 $x'^2=2y'$,需将坐标原点移至$(-2,-3)$.

课后练习

1. 平移坐标轴后,不发生变化的是(　　).

A. 点的坐标　　B. 曲线的方程

C. 点的坐标和曲线的方程　　D. 曲线的形状和大小

2. 平移坐标轴,将坐标原点移至 O',直线方程 $3x-2y-5=0$ 变为 $3x'-2y'=0$,则新坐标系原点在原坐标系中的坐标为(　　).

A. $(-1,-1)$　　B. $(-1,5)$　　C. $(-1,1)$　　D. $(1,-1)$

3. 如果直线方程 $3x+4y-5=0$ 经过平移坐标轴后,在新坐标系中的方程是 $3x'+4y'+7=0$,那么新坐标系的原点在原坐标系中的坐标可能为(　　).

A. $(0,3)$　　B. $(3,1)$　　C. $(1,-2)$　　D. $(1,1)$

4. 平移坐标轴,将原点移至 $O'(2,-5)$,若点 P 在新坐标系中的坐标是$(-3,7)$,则点 P 在原坐标系中的坐标是__________.

5. 曲线的方程为 $y^2=-12x+60$,则通过移轴公式$\begin{cases}x'=x-5,\\y'=y\end{cases}$平移坐标轴,得曲线在新坐标系中的方程为________________.

6. 已知点 $A(3,-2)$,$B(-1,5)$,坐标平移后 A 的新坐标为$(-3,1)$,求 B 的新坐标.

7. 平移坐标轴，将坐标原点移至 $O'(2,-4)$，求下列曲线在新坐标系中的方程.

(1) $x+3=0$；

(2) $3x-2y+1=0$.

8. 平移坐标轴，化简下列曲线方程.

(1) $x^2+y^2-4x+2y-3=0$；

(2) $y^2-4x-4y+12=0$.

16.2　参数方程

知识梳理

1. 曲线的普通方程

$f(x,y)=0$(体现曲线上点的坐标之间的关系).

2. 曲线的参数方程

如果曲线上任意一点 $P(x,y)$的坐标 x,y 都能用某一个变量 t 的函数表示：

$$\begin{cases}x=f(t),\\y=g(t)\end{cases}(t\text{ 为参数}),$$

称这个方程组是曲线的参数方程,变量 t 称为参数.

注意:① 参数的选定是确定曲线参数方程的关键.

② 参数可以有物理或几何意义,也可以无明显意义.

③ 对于未标注参数的取值范围的,指的是参数的自然取值范围(如自然定义域).

④ 曲线的参数方程不一定存在.

⑤ 曲线的参数方程(如果存在的话)在选定参数之前是不唯一的,在选定参数之后是唯一的.

⑥在实际问题中要注意参数的取值范围.

3. 直线的参数方程

(1) 要求:直线过点 $P(x_0,y_0)$,倾角是 θ.

(2) 参数 t 的几何意义:有向线段 PQ 的数量.(Q 是直线上的任意一点. 规定:当点 Q 位于点 P 或 $y=y_0$ 的上方时,$t>0$;当点 Q 位于点 P 或 $y=y_0$ 的下方时,$t<0$;当点 Q 与点 P 重合或点 Q 位于直线 $y=y_0$ 上时,$t=0$)

(3) 直线的参数方程的具体形式:

$$\begin{cases} x=x_0+t\cos\theta, \\ y=y_0+t\sin\theta \end{cases} (t\in\mathbf{R}).$$

根据参数方程作图,如图 16-4 所示.

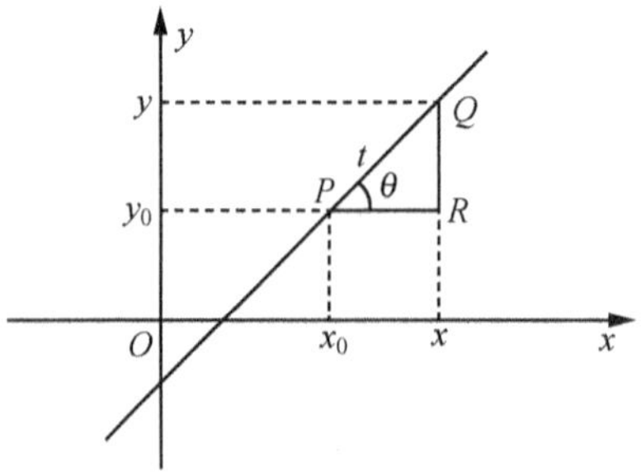

图 16-4

(4) 几点注意.

① 有向线段的数量可以是负值,类似于三角函数中的正弦线、余弦线.

② 有些直线的参数方程中的参数是具有如上所述的几何意义的.例如:

$$\begin{cases} x=2+\dfrac{2\sqrt{5}}{5}t, \\ y=5+\dfrac{\sqrt{5}}{5}t \end{cases} (t\ 为参数),$$

其倾角 θ 的正弦值、余弦值分别为 $\sin\theta=\dfrac{\sqrt{5}}{5}$, $\cos\theta=\dfrac{2\sqrt{5}}{5}$. 有些则不具有,如$\begin{cases} x=2+3t, \\ y=1-2t. \end{cases}$

③ 上述参数方程可表示直线($t\in\mathbf{R}$)、射线(如 $t\geqslant 2$)或线段(如 $2\leqslant t\leqslant 4$).

④ 注意 $\sin\theta$ 与 $\cos\theta$ 的位置.

⑤ 两类特殊的直线的参数方程.

第一类:过点 $P(x_0, y_0)$ 且平行于 x 轴:$\begin{cases} x=x_0+t, \\ y=y_0 \end{cases} (t\in\mathbf{R})$.

第二类:过点 $P(x_0, y_0)$ 且平行于 y 轴:$\begin{cases} x=x_0, \\ y=y_0+t \end{cases} (t\in\mathbf{R})$.

(5) 参数方程表示的直线的斜率计算方法.

① 对于具有如图 16-4 所示的几何意义的直线的参数方程,其斜率 $k=\dfrac{\sin\theta}{\cos\theta}$.

如直线$\begin{cases} x=2+\dfrac{2\sqrt{5}}{5}t, \\ y=5+\dfrac{\sqrt{5}}{5}t \end{cases}$的斜率为 $k=\dfrac{\sin\theta}{\cos\theta}=\dfrac{\dfrac{\sqrt{5}}{5}}{\dfrac{2\sqrt{5}}{5}}=\dfrac{1}{2}$.(或可将其转化为直线的普通

方程 $x-2y+8=0$）

② 对于不具有如图 16-4 所示的几何意义的直线的参数方程，其斜率 k 的计算也可参照上面的方法. 如直线$\begin{cases}x=2+3t,\\y=1-2t\end{cases}$的斜率为$k=\dfrac{-2}{3}=-\dfrac{2}{3}$.（或运用整体消元法将其转化为直线的普通方程 $2x+3y-7=0$）

说明：在将参数方程$\begin{cases}x=2+3t,\\y=1-2t\end{cases}$转化为普通方程的过程中，可运用整体消元法. 具体步骤如下：

$$2x+3y=2(2+3t)+3(1-2t)=7.$$

总结：如果直线 l 的参数方程为$\begin{cases}x=x_0+at,\\y=y_0+bt,\end{cases}$则其斜率为 $k=\dfrac{b}{a}$，可简要说明如下：$k=\dfrac{y-y_0}{x-x_0}=\dfrac{b}{a}(t\neq0)$.

4. 圆的参数方程

（1）要求：圆心为 $C(a,b)$，半径为 r.

（2）参数 θ 的几何意义：x 轴正方向到向量$\overrightarrow{CP}$的转角（P 是圆上任意一点）.

（3）圆的参数方程的具体形式如下：

$$\begin{cases}x=a+r\cos\theta,\\y=b+r\sin\theta\end{cases}(0\leqslant\theta<2\pi).$$

根据圆的参数方程作图，如图 16-5 所示.

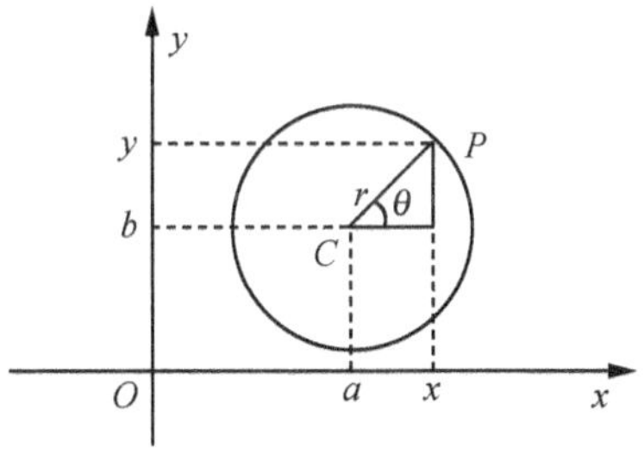

图 16-5

（4）几点注意.

① 圆心在坐标原点 O 上的圆的参数方程为

$$\begin{cases}x=r\cos\theta,\\y=r\sin\theta\end{cases}(0\leqslant\theta<2\pi).$$

② 单位圆的参数方程为

$$\begin{cases}x=\cos\theta,\\ y=\sin\theta\end{cases}(0\leqslant\theta<2\pi).$$

③ 上述参数方程可表示整圆($0\leqslant\theta<2\pi$)或上半圆($0\leqslant\theta\leqslant\pi$)等.

5. 求最值的几种方法

(1) 一元二次函数法(配方法).

(2) 基本不等式法(基本不等式链).

(3) 判别式法(一元二次方程).

(4) 数形结合法(几何意义).

(5) 参数方程法(辅助角公式).

(6) 线性规划法.

(7) 单调性法(有时会结合函数的奇偶性讨论).

(8) 反函数法.

(9) 导数法.

6. 普通方程与参数方程的相互转化

(1) 引入参数:普通方程转化为参数方程.

(2) 消去参数:参数方程转化为普通方程.

注意:消去参数的常用方法有代入法、三角恒等式法、加减消元法、整体消元法等.

例题讲解

例 1 已知曲线方程 $y^2-x-8=0$,若选取参数 $t=y$,试写出曲线的参数方程.

解 由题设,知 $y=t$,将其代入曲线的普通方程,有

$$t^2-x-8=0,$$

得 $x=t^2-8$. 故曲线的参数方程为

$$\begin{cases}x=t^2-8,\\ y=t\end{cases}(t\text{ 为参数}).$$

例 2 将下列曲线的参数方程化为普通方程.

(1) $\begin{cases}x=t+1,\\ y=-3t-2;\end{cases}$

(2) $\begin{cases}x=5\cos\theta-1,\\ y=3\sin\theta+2.\end{cases}$

解　(1) 解法一　由题设 $x=t+1$,知 $t=x-1$,将其代入 $y=-3t-2$,有

$$y=-3(x-1)-2,$$

整理得

$$3x+y-1=0,$$

此即为曲线的普通方程.

解法二(加减消元法)　由题设,知

$$\begin{aligned}3x+y&=3(t+1)+(-3t-2)\\&=3t+3-3t-2\\&=1,\end{aligned}$$

故其普通方程为

$$3x+y-1=0.$$

解法三(整体消元法)　由题设,知

$$\begin{aligned}3t&=3(x-1)\\&=-y-2,\end{aligned}$$

整理得 $3x+y-1=0$,即为所求.

(2) 由题设,知

$$\cos\theta=\frac{x+1}{5},\sin\theta=\frac{y-2}{3}.$$

由同角三角函数的平方关系,知

$$\cos^2\theta+\sin^2\theta=\left(\frac{x+1}{5}\right)^2+\left(\frac{y-2}{3}\right)^2=1,$$

整理得

$$\frac{(x+1)^2}{25}+\frac{(y-2)^2}{9}=1,$$

此即为曲线的普通方程.

例 3(2003.19)　若 $x^2+y^2=16$,试求 $x+y-1$ 的最大值.

解　解法一　由题设,知圆 $x^2+y^2=16$ 的参数方程是

$$\begin{cases}x=4\cos\theta,\\y=4\sin\theta\end{cases}\ (0\leqslant\theta<2\pi).$$

此时,有

$$\begin{aligned}x+y-1&=4\cos\theta+4\sin\theta-1\\&=4\sqrt{2}\sin\left(\theta+\frac{\pi}{4}\right)-1.\end{aligned}$$

因为 $0\leqslant\theta<2\pi$,故

$$\frac{\pi}{4}\leqslant\theta+\frac{\pi}{4}<\frac{9\pi}{4},$$

$$-1\leqslant\sin\left(\theta+\frac{\pi}{4}\right)\leqslant1,$$

故 $x+y-1$ 的最大值为 $4\sqrt{2}-1$.

解法二 由 $x^2+y^2=16$，知 $-4\leqslant x\leqslant4$，$-4\leqslant y\leqslant4$. 下面求 $x+y$ 的最大值. 易知，其出现在 $0\leqslant x\leqslant4$，$0\leqslant y\leqslant4$ 内. 下面分两种情形讨论.

情形一：当 $x=0$，$y=4$ 或 $x=4$，$y=0$ 时，$x+y=4$.

情形二：当 $0<x<4$，$0<y<4$ 时，有

$$\begin{aligned}(x+y)^2&=x^2+2xy+y^2\\&\leqslant2x^2+2y^2\\&\leqslant32,\end{aligned}$$

当且仅当 $x=y=2\sqrt{2}$ 时等号成立，故而有 $0<x+y\leqslant4\sqrt{2}$.

因为 $4\sqrt{2}>4$，故 $x+y-1$ 的最大值是 $4\sqrt{2}-1$.

解法三 令 $z=x+y-1$，以 x 为自变量，y 为因变量，有

$$y=-x+z+1.$$

联立方程组，有

$$\begin{cases}x^2+y^2=16,\\y=-x+z+1,\end{cases}$$

消去 y，得

$$2x^2-2(1+z)x+z^2+2z-15=0.$$

其根的判别式为

$$\begin{aligned}\Delta&=[-2(1+z)]^2-4\times2\times(z^2+2z-15)\\&=-4(z+1)^2+128\\&\geqslant0,\end{aligned}$$

故而 $(z+1)^2\leqslant32$，从而 $-4\sqrt{2}-1\leqslant z\leqslant4\sqrt{2}-1$，故 $x+y-1$ 的最大值为 $4\sqrt{2}-1$.

解法四（数形结合） 令 $z=x+y-1$，以 x 为自变量，y 为因变量，有

$$y=-x+z+1,$$

其表示一组斜率均为 -1 的平行直线，其纵截距为 $z+1$. 据此，作图，如图 16-6 所示.

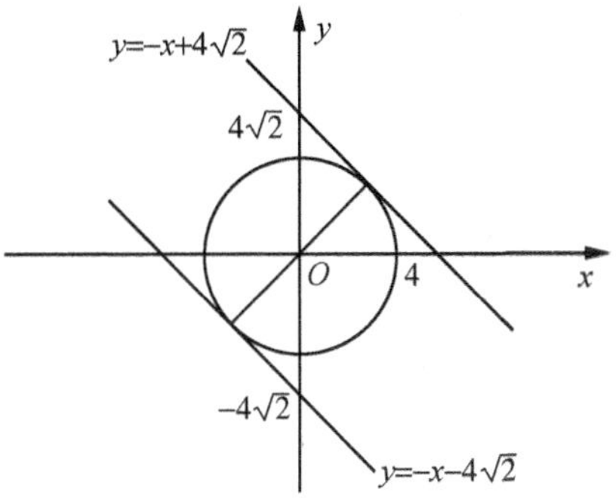

图 16-6

由图可示，知 $4\sqrt{2}\leqslant z+1\leqslant 4\sqrt{2}$，故 $-4\sqrt{2}-1\leqslant z\leqslant 4\sqrt{2}-1$，故 $x+y-1$ 的最大值为 $4\sqrt{2}-1$.

例 4　已知 $4x^2+9y^2=36$，求 $2x-3y$ 的最大值.

解　由题设，将原方程整理成

$$\frac{x^2}{9}+\frac{y^2}{4}=1.$$

此时，令

$$\begin{cases}x=3\cos\theta,\\ y=2\sin\theta\end{cases}(0\leqslant\theta<2\pi),$$

上述方程组即是原方程的参数方程，从而

$$\begin{aligned}2x-3y&=2\times3\cos\theta-3\times2\sin\theta\\&=6(\cos\theta-\sin\theta)\\&=6\sqrt{2}\left(\frac{\sqrt{2}}{2}\cos\theta-\frac{\sqrt{2}}{2}\sin\theta\right)\\&=6\sqrt{2}\left(\cos\theta\cdot\cos\frac{\pi}{4}-\sin\theta\cdot\sin\frac{\pi}{4}\right)\\&=6\sqrt{2}\cos\left(\theta+\frac{\pi}{4}\right).\end{aligned}$$

因为 $0\leqslant\theta<2\pi$，有 $\frac{\pi}{4}\leqslant\theta+\frac{\pi}{4}<\frac{9\pi}{4}$，故

$$-1\leqslant\cos(\theta+\frac{\pi}{4})\leqslant1,$$

故 $2x-3y$ 的最大值是 $6\sqrt{2}$.

例 5(2017.15)　设实数 x,y 满足等式 $(x-1)^2+y^2=1$，试求 $\frac{y}{x+1}$ 的最大值.

解　**解法一**　由题设，令 $\frac{y}{x+1}=k$，故 $y=k(x+1)$. 联立方程组，有

$$\begin{cases}(x-1)^2+y^2=1,\\ y=k(x+1).\end{cases}$$

消去 y，得关于 x 的一元二次方程：

$$(x-1)^2+[k(x+1)]^2=1.$$

整理，得

$$(k^2+1)x^2+2(k^2-1)x+k^2=0.$$

由题设，知其根的判别式

$$\begin{aligned}\Delta&=[2(k^2-1)]^2-4\cdot(k^2+1)\cdot k^2\\&=4(1-3k^2)\\&\geqslant 0,\end{aligned}$$

解之得 $-\frac{\sqrt{3}}{3}\leqslant k\leqslant\frac{\sqrt{3}}{3}$，故 $\frac{y}{x+1}$ 的最大值为 $\frac{\sqrt{3}}{3}$.

解法二　由题设，方程 $(x-1)^2+y^2=1$ 表示的是以 $C(1,0)$ 为圆心，以 1 为半径的圆，而

$$\frac{y}{x+1}=\frac{y-0}{x-(-1)}$$

表示的是过点 (x,y)，$(-1,0)$ 的直线 l 的斜率[点 (x,y) 在圆 C 上]. 据此，作图，如图 16-7 所示.

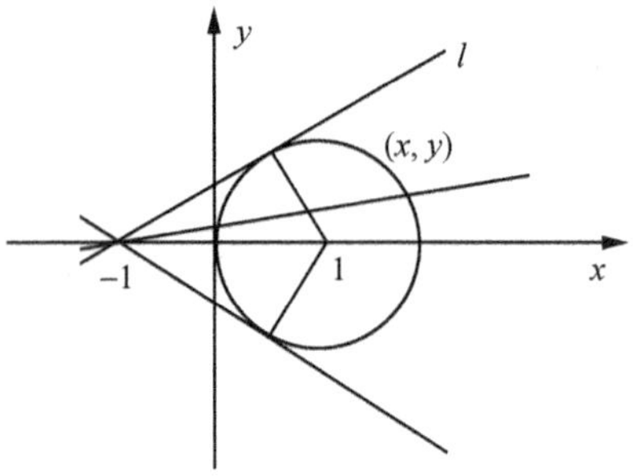

图 16-7

由图可知，直线 l 的最大斜率为 $k_{\max}=\frac{\sqrt{3}}{3}$ $\left(\text{此时，其倾角为 } \alpha=\frac{\pi}{6}\right)$，故 $\frac{y}{x+1}$ 的最大值为 $\frac{\sqrt{3}}{3}$. $\Bigg($直线 l 的斜率 k 的取值范围为 $\left[-\frac{\sqrt{3}}{3},\frac{\sqrt{3}}{3}\right]$，其倾角 α 的取值范围为 $\left[0,\frac{\pi}{6}\right]\cup\left[\frac{5\pi}{6},\pi\right)$. $\Bigg)$

例 6　求函数 $f(\theta)=\frac{\sin\theta}{\sqrt{2}+\cos\theta}$ 的最大值.

解　解法一　由题设，知 $\theta\in[0,2\pi)$，且

$$\frac{\sin\theta}{\sqrt{2}+\cos\theta}=\frac{\sin\theta-0}{\cos\theta-(-\sqrt{2})},$$

知函数 $f(\theta)$ 表示的是过点 $(\cos\theta,\sin\theta)$，$(-\sqrt{2},0)$ 的直线 l 的斜率[点 $(\cos\theta,\sin\theta)$ 在单位圆 C：$\begin{cases}x=\cos\theta,\\y=\sin\theta\end{cases}$ 上]. 据此，作图，如图 16-8 所示.

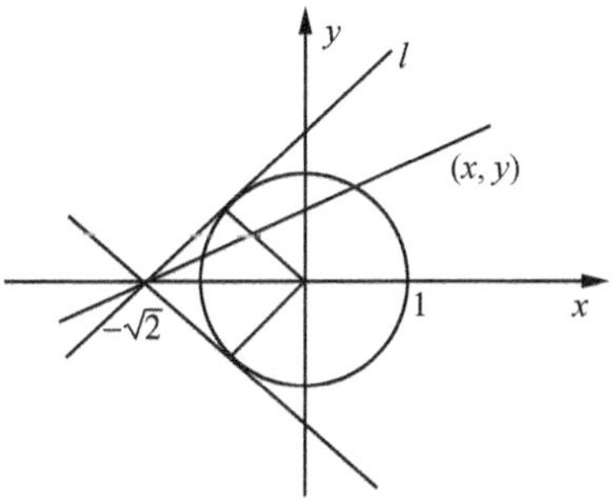

图 16-8

由图可知，直线 l 的最大斜率为 $k_{\max}=1$ $\left(此时，其倾角为 \alpha=\frac{\pi}{4}\right)$，故 $f(\theta)=\frac{\sin\theta}{\sqrt{2}+\cos\theta}$ 的最大值为 1.（直线 l 的斜率 k 的取值范围为 $[-1,1]$，其倾角 α 的取值范围为 $\left[0,\frac{\pi}{4}\right]\cup\left[\frac{3\pi}{4},\pi\right)$.）

解法二　由题设，令

$$\begin{cases}x=\cos\theta,\\y=\sin\theta\end{cases}\theta\in[0,2\pi).$$

则实数 x,y 满足等式 $x^2+y^2=1$. 令 $t=f(\theta)$，则 $t=\frac{y}{x+\sqrt{2}}$，亦即 $y=t(x+\sqrt{2})$. 联立方程组，有

$$\begin{cases}x^2+y^2=1,\\y=t(x+\sqrt{2}).\end{cases}$$

消去 y，得关于 x 的一元二次方程：

$$x^2+[t(x+\sqrt{2})]^2=1,$$

整理，得

$$(t^2+1)x^2+2\sqrt{2}t^2x+2t^2-1=0.$$

由题设，知其根的判别式

$$\begin{aligned}\Delta&=(2\sqrt{2}t^2)^2-4\cdot(t^2+1)\cdot(2t^2-1)\\&=4(1-t^2)\geqslant 0,\end{aligned}$$

解之，得 $-1\leqslant t\leqslant 1$，故函数 $f(\theta)=\dfrac{\sin\theta}{\sqrt{2}+\cos\theta}$ 的最大值为 1. 此时，知 $\sin\theta=\sqrt{2}+\cos\theta$，故 $\sin\theta=\dfrac{\sqrt{2}}{2}$，$\cos\theta=-\dfrac{\sqrt{2}}{2}$.

课后练习

1. 以下各点在曲线 $\begin{cases}x=\sin\theta,\\ y=1-2\sin^2\theta\end{cases}$ 上的是（　　）.

A. (2,7)　　B. $\left(\dfrac{1}{3},\dfrac{2}{3}\right)$　　C. $\left(\dfrac{1}{2},\dfrac{1}{2}\right)$　　D. (1,0)

2. 直线 $\begin{cases}x=1+\sqrt{3}t,\\ y=2-3t\end{cases}$ 的倾角为（　　）.

A. $\dfrac{\pi}{6}$　　B. $\dfrac{\pi}{3}$　　C. $\dfrac{2\pi}{3}$　　D. $\dfrac{5\pi}{6}$

3. 若直线 $\begin{cases}x=1+2t,\\ y=2+t\end{cases}$ 与圆 $\begin{cases}x=3\cos\theta,\\ y=3\sin\theta\end{cases}$ $(0\leqslant\theta<2\pi)$ 交于 A，B 两点，则 $|AB|=$（　　）.

A. $\dfrac{12\sqrt{5}}{5}$　　B. $\dfrac{12}{5}$　　C. $\dfrac{9\sqrt{10}}{5}$　　D. $9\sqrt{10}$

4. 曲线 $\begin{cases}x=2t,\\ y=t^2-1\end{cases}$ 的普通方程为____________.

5. 若 $P(2,-1)$ 为圆 $\begin{cases}x=1+5\cos\theta,\\ y=5\sin\theta\end{cases}$ $(0\leqslant\theta<2\pi)$ 的弦的中点，则该弦所在直线的方程是____________.

6. 写出满足下列条件的曲线的参数方程.

(1) 过点 $(-1,0)$ 且倾角为 $\dfrac{2\pi}{3}$；

(2) 过点 $(2,-3)$ 且平行于 y 轴；

(3) 以 $M(-3,1)$ 为圆心且与直线 $x-y+2=0$ 相切的圆.

7. 已知曲线 C 的参数方程是 $\begin{cases} x=1+2t, \\ y=at^2 \end{cases}$（$t$ 为参数，a 为实数），点 $M(5,4)$ 在该曲线上.

（1）求常数 a；

（2）求曲线 C 的普通方程.

8. 若实数 x,y 满足 $x^2+y^2-2y-1=0$，试求 $x+y$ 的最小值.

测试卷

（满分为 150 分，时间为 120 分钟）

一、单项选择题（本大题共 10 小题，每小题 4 分，共 40 分．在下列每小题中，选出一个正确答案）

1．平移坐标轴，将坐标原点移至 $O'(-3,2)$，则点 $A(3,-1)$ 在新坐标系中的坐标为（　　）．

A．$(-6,3)$　　B．$(6,-3)$　　C．$(0,1)$　　D．$(6,3)$

2．平移坐标轴，点 $(1,1)$ 在新坐标系中的坐标为 $(2,3)$，则坐标轴平移的坐标变换公式为（　　）．

A．$\begin{cases}x'=x-1\\y'=y-2\end{cases}$　　B．$\begin{cases}x'=x+1\\y'=y+2\end{cases}$

C．$\begin{cases}x'=x-1\\y'=y-1\end{cases}$　　D．$\begin{cases}x'=x-2\\y'=y-3\end{cases}$

3．已知平移坐标轴时的移轴公式是 $\begin{cases}x=x'-1,\\y=y'+2,\end{cases}$ 点 A 在新坐标系下的坐标为 $(2,3)$，则其在原坐标系中的坐标为（　　）．

A．$(3,1)$　　B．$(-3,-1)$　　C．$(1,5)$　　D．$(-1,-5)$

4．参数方程 $\begin{cases}x=2+3t^2,\\y=-t^2\end{cases}$（$t$ 为参数）表示的曲线是（　　）．

A．直线　　B．圆　　C．射线　　D．线段

5．命题甲：点 $P(x,y)$ 在曲线 $\begin{cases}x=\cos\theta,\\y=\sin\theta\end{cases}$ $\left(0\leqslant\theta\leqslant\frac{\pi}{2}\right)$ 上．命题乙：点 $P(x,y)$ 在曲线 $x^2+y^2=1$ 上．命题甲是命题乙的（　　）．

A．充分不必要条件　　B．必要不充分条件

C．充要条件　　D．既不充分也不必要条件

6. 已知$\begin{cases}x=\dfrac{1}{2}\cos\theta,\\ y=\dfrac{\sqrt{3}}{2}\sin\theta+1\end{cases}$ (θ 为参数，且 $0\leqslant\theta<2\pi$)，则 $x-y$ 的最小值是(　　).

A. 0　　B. -1　　C. 1　　D. -2

7. 曲线$\begin{cases}x=\sqrt{2}\cos\theta,\\ y=\sin\theta\end{cases}$ (θ 为参数)上的点到直线 $x-y-4=0$ 的最远距离是(　　).

A. $2\sqrt{2}+\dfrac{\sqrt{6}}{2}$　　B. $2\sqrt{2}-\dfrac{\sqrt{6}}{2}$

C. $4+\sqrt{3}$　　D. $4-\sqrt{3}$

8. 已知 x,y 满足$\begin{cases}x=\cos\theta,\\ y=\sin\theta\end{cases}$ (θ 为参数)，则$\dfrac{y}{x-2}$的最大值是(　　).

A. $\dfrac{\sqrt{2}}{2}$　　B. $\sqrt{2}$　　C. $\sqrt{3}$　　D. $\dfrac{\sqrt{3}}{3}$

9. 直线$\begin{cases}x=2+t\cdot\sin20°,\\ y=-1+t\cdot\sin20°\end{cases}$ (t 为参数)的倾角为(　　).

A. 20°　　B. 45°　　C. 70°　　D. 135°

10. 曲线$\begin{cases}x=2\sin\theta,\\ y=1+2\cos\theta\end{cases}$ (θ 为参数，$\theta\in[0,\pi]$)与$\begin{cases}x=-1+t,\\ y=1+t\end{cases}$ (t 为参数)的交点个数为(　　).

A. 0 个　　B. 1 个　　C. 2 个　　D. 无法确定

二、填空题(本大题共 5 小题，每小题 4 分，共 20 分)

11. 已知曲线方程为 $y^2=-2x+10$，则通过移轴公式$\begin{cases}x'=x+5,\\ y'=y-10\end{cases}$ 平移坐标轴后，该曲线在新坐标系 $x'O'y'$ 中的方程为____________.

12. 以$(-2,0)$为圆心，半径为 3 的圆的参数方程是____________.

13. 已知实数 x,y 满足 $x^2+(y-1)^2=1$，则代数式$\dfrac{y-1}{x+2}$的取值范围是____________.

14. 已知直线 l:$\begin{cases}x=3+t,\\ y=3-t\end{cases}$ (t 为参数)，圆 C:$\begin{cases}x=3\cos\theta,\\ y=2+3\sin\theta\end{cases}$ (θ 为参数)，则圆心 C 到直线 l 的距离是____________.

15. 若点 $p(x,y)$在圆$(x+2)^2+(y+2)^2=4$ 上，则 $x+y$ 的最小值为____________.

三、解答题（本大题共 8 小题，共 90 分）

16.（本题满分 8 分）平移坐标轴，使曲线方程

$$4x^2-y^2-8x+10y-22=0$$

不含有一次项，并指出原点应平移的位置.

17.（本题满分 10 分）利用坐标轴平移，化简下列曲线方程：

(1) $x^2+y^2+4x+4y+1=0$；

(2) $x^2+6x-2y+11=0$.

18. (本题满分12分)若直线$\begin{cases}x=t\cos\alpha,\\y=t\sin\alpha\end{cases}$($t$为参数,$0\leqslant\alpha<2\pi$)与曲线$\begin{cases}x=4+2\cos\beta,\\y=2\sin\beta\end{cases}$($\beta$为参数,$0\leqslant\beta<2\pi$)相切,试求$\alpha$的值.

19. (本题满分12分)若实数x,y满足$x^2+y^2-2y-1=0$,求$x+y$的最小值.

20. (本题满分 10 分)试求圆$\begin{cases}x=1+\cos\alpha,\\ y=\sin\alpha\end{cases}$($\alpha$ 为参数)上的点到直线$\begin{cases}x=t,\\ y=-1-t\end{cases}$($t$ 为参数)的最大距离.

21. (本题满分 14 分)已知实数 x,y 满足$(x+1)^2+y^2=1$,且

$$z=(x-2)^2+(y-4)^2,$$

求 z 的取值范围.

22.（本题满分 10 分）平移坐标轴，将原点移至 $O'(-4,1)$.

(1) 求点 $M(2,5)$在新坐标系中的坐标；

(2) 若点 N 在新坐标系中的坐标为$(-3,4)$，求点 N 在原坐标系中的坐标.

23.（本题满分 14 分）已知直线 $l: ax+2by-1=0(a>0,b>0)$与圆 C：$\begin{cases}x=1+\sqrt{2}\cos\theta,\\ y=1+\sqrt{2}\sin\theta\end{cases}$（$\theta$ 为参数）相交所得的弦长为 $2\sqrt{2}$，试求$\frac{1}{a}+\frac{1}{b}$的最小值.

第 17 章

复数及其应用

17.1 复数的概念

知识梳理

1. 虚数单位 i

(1) 规定：$i^2=-1$，称 i 为虚数单位（“i”不是实数，不表示具体的数量）.

(2) 意义：有了虚数单位 i，任何负数都能开平方. 例如，-1 的平方根是 $\pm i$，即 $\pm i=\sqrt{-1}$.

2. 复数

称形如 $a+bi(a,b\in \mathbf{R})$ 的数为复数，记作

$$z=a+bi(a,b\in \mathbf{R}),$$

其中，a 是复数的实部，b 是复数的虚部. 一般地，把 $z=a+bi(a,b\in \mathbf{R})$ 叫作复数的代数形式，与之对应的点的坐标是 (a,b).

3. 复数集

全体复数构成的集合，通常用 $\mathbf{C}$ 表示，具体形式为

$$\mathbf{C}=\{z \mid z=a+bi, a\in \mathbf{R}, b\in \mathbf{R}\}.$$

备注：所有虚数构成的数集叫作虚数集，通常用 i 表示（$\mathbf{R}\cup \mathrm{i}=\mathbf{C}$，$\mathbf{R}\cap \mathrm{i}=\varnothing$）.

4. 实数、虚数、纯虚数

(1) 实数：$b=0$（虚部为 0 的复数）.

(2) 虚数：$b\neq 0$（虚部不为 0 的复数）.

(3) 纯虚数：$a=0$，$b\neq 0$（实部为 0 的虚数 $b\mathrm{i}$）.

5. 自然数集 N、整数集 Z、有理数集 Q、实数集 R、虚数集 I、复数集 C

(1) 正整数和 0 统称为自然数.

(2) 正整数、0 和负整数统称为整数.

(3) 整数和分数统称为有理数.

(4) 有理数和无理数统称为实数.

(5) 实数和虚数统称为复数.

6. 复数的比较

复数范围内，实数与虚数、虚数与虚数不能比较大小，只有实数与实数可以比较大小（“i”不具有实际含义）.

7. 复数相等

两个复数相等的充要条件是“实部相等且虚部相等”，即

$$a+b\mathrm{i}=c+d\mathrm{i}(a,b,c,d\in \mathbf{R})\Leftrightarrow a=c,b=d.$$

备注：$a+b\mathrm{i}=0(a,b\in \mathbf{R})$的充要条件是 $a=b=0$.

8. 共轭复数

如果两个复数实部相等，而虚部互为相反数，则称这两个复数互为共轭复数. 复数 z 的共轭复数记作$\overline{z}$，即：若 $z=a+b\mathrm{i}(a,b\in \mathbf{R})$，则

$$\overline{z}=\overline{a+b\mathrm{i}}=a-b\mathrm{i}.$$

备注：

① 两头牛背上的架子称为轭，轭使两头牛同步行走. 共轭即为按一定的规律相配的一对，通俗点说就是孪生.

② 实数的共轭复数是其自身.

- $z+\overline{z}$是实数.
- $z=\overline{z}\Leftrightarrow z$ 为实数.

③ $\overline{\overline{z}} \Leftrightarrow z$.

9. 在实数范围内成立的结论在复数范围内不一定成立

在实数范围内成立的结论不一定适用于复数，如 $x^2 \geqslant 0$ 等.

例题讲解

例 1（2019.2） 若复数 z 满足 $z \cdot \mathrm{i}=1+2\mathrm{i}$，则 z 的虚部为（　　）.

A. 2　　B. 1　　C. -2　　D. -1

解 由题设，知

$$z \cdot \mathrm{i}=1+2\mathrm{i}=-\mathrm{i}^2+2\mathrm{i}=\mathrm{i} \cdot (2-\mathrm{i}),$$

故 $z=2-\mathrm{i}$，其虚部为 -1.

例 2 设复数 $z=\lg(m^2-2m-2)+(m^2+3m+2)\mathrm{i}$，实数 m 分别取何值时，z 是

（1）实数？

（2）纯虚数？

解 由题设，知

$$m^2-2m-2>0,$$

解之，得 $m<1-\sqrt{3}$ 或 $m>1+\sqrt{3}$.

（1）若 z 是实数，则

$$m^2+3m+2=(m+1) \cdot (m+2)=0,$$

解之，得 $m=-1$ 或 -2，故当 $m=-1$ 或 -2 时 z 是实数.

（2）若 z 是纯虚数，则

$$\begin{cases} \lg(m^2-2m-2)=0, \\ m^2+3m+2 \neq 0, \end{cases}$$

解之，得 $m=3$，故当 $m=3$ 时 z 是纯虚数.

例 3 复数 $z=x+(x^2-4)\mathrm{i}(x \in \mathbf{R})$ 满足 $z<0$，求 x 的值.

解 由题设，知

$$\begin{cases} x^2-4=0, \\ x<0, \end{cases}$$

解之，得 $x=-2$，即当 $x=-2$ 时 $z<0$.

例 4 若方程 $x^2+kx+2x\mathrm{i}=-1-k\mathrm{i}$ 有实根，求实数 k 的值并求出此实根.

解 由题意，不妨设实数 x 是方程 $x^2+kx+2x\mathrm{i}=-1-k\mathrm{i}$ 的实根，由复数相等的充要条件，知

$$\begin{cases} x^2+kx=-1, \\ 2x=-k, \end{cases}$$

解之，得 $x=1,k=-2$ 或 $x=-1,k=2$. 故 $k=\pm 2$，且当 $k=-2$ 时此实根为 $x=1$；当 $k=2$ 时此实根为 $x=-1$.

例 5　已知复数 $z=2x+(x+1)^2\mathrm{i}$，且 $2x+(x+1)^2\mathrm{i}=y+(2x^2+y)\mathrm{i}$，其中 x，$y\in\mathbf{R}$，求这个复数的共轭复数.

解　由题设及复数相等的充要条件，知

$$\begin{cases} 2x=y, \\ (x+1)^2=2x^2+y. \end{cases}$$

解之，得 $x=1,y=2$ 或 $x=-1,y=-2$. 故当 $x=1,y=2$ 时，$z=2+4\mathrm{i}$，其共轭复数为 $\bar{z}=2-4\mathrm{i}$；当 $x=-1,y=-2$ 时，$z=-2$，其共轭复数为 $\bar{z}=-2$.

课后练习

1. 复数 $\mathrm{i}-3$ 的实部、虚部分别为（　　）.

A. $\mathrm{i},-3$　　B. $-3,\mathrm{i}$　　C. $1,-3$　　D. $-3,1$

2. 若 $a,b\in\mathbf{R}$，则“$a=1,b=-1$”是“$a+|b|\mathrm{i}=1+\mathrm{i}$”成立的（　　）.

A. 充分不必要条件　　B. 必要不充分条件

C. 充要条件　　D. 既不充分也不必要条件

3. 若 $M=\{1,2,(m^2-3m-1)+(m^2-5m-6)\mathrm{i}\}$，$N=\{-1,3\}$，且集合 M,N 满足 $M\cap N\neq\varnothing$，则实数 m 等于（　　）.

A. -1　　B. -1 或 3　　C. -1 或 0　　D. 0 或 3

4. 若 $z=a(1+\mathrm{i})-(2+3\mathrm{i}^2)$ 为纯虚数，则实数 $a=$________.

5. 已知复数 $z=k^2-3k+(k^2-5k+6)\mathrm{i}\ (k\in\mathbf{R})$，若 $z<0$，则 k 的值为________.

6. 当实数 m 分别取何值时，复数 $z=\dfrac{m+2}{m-1}+(m^2-1)\mathrm{i}\ (m\in\mathbf{R})$ 是：

（1）实数？

（2）虚数？

（3）纯虚数？

7. 当 m 分别取何值时，$z=\frac{2m^2-3m-2}{m^2-25}+(m^2+3m-10)\mathrm{i}(m\in\mathbf{R})$ 是：

(1) 实数？

(2) 纯虚数？

8. 已知复数 z 满足 $z=a+(a^2-9)\mathrm{i}(k\in\mathbf{R})$，且 $z>0$，求实数 a 的值.

17.2　复数的代数运算

知识梳理

1. 复数的代数形式

$$z=a+bi(a,b\in \mathbf{R}).$$

2. 复数的加减法

设 $z_1=a+bi,z_2=c+di(a,b,c,d\in \mathbf{R})$.

(1) 加法：$z_1+z_2=(a+bi)+(c+di)=(a+c)+(b+d)i$.

(2) 减法：$z_1-z_2=(a+bi)-(c+di)=(a-c)+(b-d)i$.

备注：

① 复数的加减法类比多项式的合并同类项.

② 复数的加减法满足交换律和结合律：

- $z_1+z_2=z_2+z_1$.
- $(z_1+z_2)+z_3=z_1+(z_2+z_3)=z_1+z_2+z_3$.

③ 共轭的加减和加减的共轭.

若 $z=a+bi(a,b\in R)$，则

- $z+\overline{z}=2a$.
- $z-\overline{z}=2bi$.
- $\overline{z_1+z_2}=\overline{z_1}+\overline{z_2}$.
- $\overline{z_1-z_2}=\overline{z_1}-\overline{z_2}$.

3. 复数的乘法

$$\begin{aligned}z_1\cdot z_2&=(a+bi)\cdot(c+di)\\&=ac+adi+bci+bdi^2\\&=(ac-bd)+(ad+bc)i.\end{aligned}$$

备注：

① 复数的乘法类比多项式的乘法.

②复数的乘法满足交换律、结合律、消去律及乘法对加法的分配律.

- $z_1\cdot z_2=z_2\cdot z_1$.
- $(z_1\cdot z_2)\cdot z_3=z_1\cdot(z_2\cdot z_3)=z_1\cdot z_2\cdot z_3$.
- 若 $z\cdot z_1=z\cdot z_2$，$z\neq0$，则 $z_1=z_2$.
- $z\cdot(z_1+z_2)=z\cdot z_1+z\cdot z_2$.

③ 共轭的乘法和乘法的共轭.

若 $z=a+b\mathrm{i}(a,b\in\mathbf{R})$，则

- $z\cdot\overline{z}=(a+b\mathrm{i})\cdot(a-b\mathrm{i})=a^2-(b\mathrm{i})^2=a^2+b^2$.

类比平方差公式，此即 a^2+b^2 在复数集内的分解.

- $\overline{z_1\cdot z_2}=\overline{z_1}\cdot\overline{z_2}$.

④ 复数的代数运算符合实数的运算规律（复数的代数运算是复数的代数形式的运算），如完全平方公式

$$(a+b\mathrm{i})^2=a^2+2a\cdot b\mathrm{i}+(b\mathrm{i})^2.$$

⑤ 复数的整数次幂（定义同实数的整数次幂）.

- $z^n=z\cdot z\cdot\cdots\cdot z$（$n$ 个 z 相乘）.
- $z^0=1(z\neq0)$.
- $z^{-n}=\dfrac{1}{z^n}(z\neq0)$.

4. 复数的除法($z_2\neq0$)

$$\begin{aligned}\frac{z_1}{z_2}&=\frac{a+b\mathrm{i}}{c+d\mathrm{i}}\\&=\frac{(a+b\mathrm{i})\cdot(c-d\mathrm{i})}{(c+d\mathrm{i})\cdot(c-d\mathrm{i})}\\&=\frac{(ac+bd)+(bc-ad)\mathrm{i}}{c^2+d^2}\\&=\frac{ac+bd}{c^2+d^2}+\frac{bc-ad}{c^2+d^2}\mathrm{i}.\end{aligned}$$

备注：

① 复数的除法类比分母有理化，也可以称为“分母实数化”.

② 虚化实：共轭的乘法.

③ 共轭的除法和除法的共轭. 若 $z=a+b\mathrm{i}(a,b\in\mathbf{R})$，则

- $\frac{z}{\bar{z}}=\frac{a+bi}{a-bi}=\frac{a^2+2a\cdot bi+(bi)^2}{a^2+b^2}=\frac{(a^2-b^2)+2abi}{a^2+b^2}$.
- $\overline{\left(\frac{z_1}{z_2}\right)}=\frac{\overline{z_1}}{\overline{z_2}}$ $\left(\overline{\left(\frac{z_1}{z_2}\right)}\text{表示}\frac{z_1}{z_2}\text{的共轭}\right)$.

总结:和、差、积、商的共轭等于共轭的和、差、积、商.

5. 关于 x 的实系数一元二次方程 $ax^2+bx+c=0(a\neq 0, a, b, c\in \mathbf{R})$ 在复数集 C 内的解的情况

对方程配方,有

$$\begin{aligned} ax^2+bx+c &= a\left(x^2+\frac{b}{a}x\right)+c \\ &= a\left[x^2+2\cdot x\cdot\frac{b}{2a}+\left(\frac{b}{2a}\right)^2\right]+c-a\cdot\left(\frac{b}{2a}\right)^2 \\ &= a\left(x+\frac{b}{2a}\right)^2+\frac{4ac-b^2}{4a} \\ &= 0. \end{aligned}$$

故

$$\left(x+\frac{b}{2a}\right)^2=\frac{b^2-4ac}{4a^2}.$$

① 当 $\Delta>0$ 时,有两个不相等的实根,$x_{1,2}=\frac{-b\pm\sqrt{\Delta}}{2a}$.

② 当 $\Delta=0$ 时,有两个相等的实根,$x_{1,2}=-\frac{b}{2a}$.

③ 当 $\Delta<0$ 时,有一对共轭虚根,$x_{1,2}=\frac{-b\pm\sqrt{-\Delta}\cdot i}{2a}$.

备注:

① 实根相反,虚根共轭.

② 韦达定理在 $\Delta<0$ 时依然成立(韦达定理与根是实数还是虚数无关).

6. 复数范围内的因式分解

例如,对 a^4-b^4 进行因式分解.

$$\begin{aligned} a^4-b^4 &= (a^2)^2-(b^2)^2 \\ &= (a^2+b^2)\cdot(a^2-b^2) \\ &= (a+b)\cdot(a-b)\cdot(a+bi)\cdot(a-bi). \end{aligned}$$

7. 关于 i(n∈Z)

(1) $i^{4n+1}=i, i^{4n+2}=-1, i^{4n+3}=-i, i^{4n+4}=1$(i 的四次循环).

(2) $i^{4n+1}+i^{4n+2}+i^{4n+3}+i^{4n+4}=0$.

备注：连续四项，相加为零，与从几开始无关. 例如：

$$i+i^2+i^3+i^4=i^3+i^4+i^5+i^6=0.$$

(3) 常用的几个算式.

① $(1\pm i)^2=\pm 2i$.

② $\frac{1}{i}=-i$.

③ $\frac{1}{1+i}=\frac{1-i}{2}$, $\frac{1}{1-i}=\frac{1+i}{2}$.

④ $\frac{1+i}{1-i}=i$, $\frac{1-i}{1+i}=-i$.

例题讲解

例 1 计算下列各式：

(1) $(2+6i)+(-8+3i)$；

(2) $(1+i)^2\cdot(3+4i)$；

(3) $\frac{1+i}{1-i}+\frac{1-i}{1+i}$；

(4) $(1+i)^2+(1-i)^2-\frac{1}{1+i}+\frac{1}{1-i}$.

解 (1) $(2+6i)+(-8+3i)=(2-8)+(6+3)i=-6+9i$.

(2) $(1+i)^2\cdot(3+4i)=2i\cdot(3+4i)=-8+6i$.

(3) $\frac{1+i}{1-i}+\frac{1-i}{1+i}=i-i=0$.

(4) $(1+i)^2+(1-i)^2-\frac{1}{1+i}+\frac{1}{1-i}=2i+(-2i)-\frac{1-i}{2}+\frac{1+i}{2}=i$.

例 2(2014.18) 设复数 z 满足关系式 $|z|+z=8+4i$，又是实系数一元二次方程 $x^2+mx+n=0$ 的一个根.

(1) 求复数 z；

(2) 求 m,n 的值.

提示：$|a+bi|=\sqrt{a^2+b^2}$.

解 (1) 由题意，设复数 z 为 $z=a+bi(a,b\in\mathbf{R})$，由题设，知

$$\begin{aligned}|z|+z&=|a+bi|+a+bi\\&=(\sqrt{a^2+b^2}+a)+bi\\&=8+4i.\end{aligned}$$

由复数相等，知

$$\begin{cases}\sqrt{a^2+b^2}+a=8,\\ b=4,\end{cases}$$

解之，得 $a=3$，$b=4$，故复数 z 为 $z=3+4\mathrm{i}$.

(2) **解法一**　由题设及(1)，知实系数一元二次方程 $x^2+mx+n=0$ 的一对共轭虚根为 $z=3+4\mathrm{i}$ 和 $\overline{z}=3-4\mathrm{i}$. 由韦达定理，知

$$\begin{cases}z+\overline{z}=(3+4\mathrm{i})+(3-4\mathrm{i})=-m,\\ z\cdot\overline{z}=(3+4\mathrm{i})\cdot(3-4\mathrm{i})=n,\end{cases}$$

故 $m=-6$，$n=25$.

解法二　由题设及(1)，将 $z=3+4\mathrm{i}$ 代入关于 x 的实系数一元二次方程 $x^2+mx+n=0$，得

$$(3+4\mathrm{i})^2+m(3+4\mathrm{i})+n=0,$$

整理得

$$(3m+n-7)+4(6+m)\mathrm{i}=0.$$

故而有

$$\begin{cases}3m+n-7=0,\\ 6+m=0,\end{cases}$$

解之，得 $m=-6$，$n=25$.

例 3　已知实系数一元二次方程 $x^2-px+q=0$ 的一个根为 $-\mathrm{i}+1$，求 p，q 及方程的另一个根.

解　**解法一**　由题设，知实系数一元二次方程 $x^2-px+q=0$ 的另一个根为 $1+\mathrm{i}$. 由韦达定理，知

$$\begin{cases}p=(-\mathrm{i}+1)+(1+\mathrm{i})=2,\\ q=(-\mathrm{i}+1)\cdot(1+\mathrm{i})=2.\end{cases}$$

故 $p=q=2$，且方程的另一个根是 $1+\mathrm{i}$.

解法二　由题设，将 $-\mathrm{i}+1$ 代入实系数一元二次方程 $x^2-px+q=0$，得

$$(-\mathrm{i}+1)^2-p(-\mathrm{i}+1)+q=0,$$

整理得

$$(-p+q)+(p-2)\mathrm{i}=0.$$

故而有

$$\begin{cases}-p+q=0,\\ p-2=0.\end{cases}$$

解之，得 $p=q=2$. 故原方程可化为 $x^2-2x+2=0$. 配方，有

$$x^2-2x+1=-1,$$

亦即$(x-1)^2=(\pm i)^2$，故方程的另一个根是$1+i$.

例 4 已知a是实数，$\dfrac{a-i}{1+i}$是纯虚数，则$a=$（　　）.

A. 1　　　B. -1　　　C. $\sqrt{2}$　　　D. $-\sqrt{2}$

解 由题设，知

$$\frac{a-i}{1+i}=\frac{-ai^2-i}{1+i}=\frac{-i(1+ai)}{1+i}.$$

若使其为纯虚数，需$1+ai=1+i$，故$a=1$. $\left(\dfrac{1-i}{1+i}=-i\right)$

例 5 若复数$\dfrac{a+i}{2-i}$是实数，则实数$a=$（　　）.

解 由题设，知

$$\frac{a+i}{2-i}=\frac{-(-a-i)}{2-i}.$$

若使其为实数，需$-a-i=2-i$，故$a=-2$.

总结：若$\dfrac{m+ni}{a+bi}$($a,b,m,n\in\mathbf{R}$，且$a^2+b^2\neq 0$)为实数，则$\dfrac{m}{a}=\dfrac{n}{b}$；若$\dfrac{m+ni}{a+bi}$($a,b,m,n\in\mathbf{R}$，且$a^2+b^2\neq 0$)为纯虚数，则$ma+nb=0$.

例 6 设$\omega=-\dfrac{1}{2}+\dfrac{\sqrt{3}}{2}i$，求下列各式的值：

(1) ω^2；

(2) ω^3；

(3) $1+\omega+\omega^2$；

(4) $1+\omega+\omega^2+\cdots+\omega^{2014}$.

解 (1) 由题设，知

$$\begin{aligned}\omega^2&=\left(-\frac{1}{2}+\frac{\sqrt{3}}{2}i\right)\cdot\left(-\frac{1}{2}+\frac{\sqrt{3}}{2}i\right)\\&=\left(-\frac{1}{2}\right)^2+2\times\left(-\frac{1}{2}\right)\times\frac{\sqrt{3}}{2}i+\left(\frac{\sqrt{3}}{2}i\right)^2\\&=-\frac{1}{2}-\frac{\sqrt{3}}{2}i.\end{aligned}$$

(2)
$$\begin{aligned}\omega^3&=\omega\cdot\omega^2\\&=\left(-\frac{1}{2}+\frac{\sqrt{3}}{2}i\right)\cdot\left(-\frac{1}{2}-\frac{\sqrt{3}}{2}i\right)\end{aligned}$$

$$=\left(-\frac{1}{2}\right)^2-\left(\frac{\sqrt{3}}{2}i\right)^2$$
$$=1.$$

(3) $1+\omega+\omega^2=1+\left(-\frac{1}{2}+\frac{\sqrt{3}}{2}i\right)+\left(-\frac{1}{2}-\frac{\sqrt{3}}{2}i\right)=0.$

(4) $1+\omega+\omega^2+\cdots+\omega^{2014}=1+\omega+(\omega^2+\omega^3+\omega^4)+\cdots+(\omega^{2012}+\omega^{2013}+\omega^{2014})$
$=1+\omega+\omega^2(1+\omega+\omega^2)+\cdots+\omega^{2012}(1+\omega+\omega^2)$
$=1+\omega$
$=\frac{1}{2}+\frac{\sqrt{3}}{2}i.$

课后练习

1. (2016.2) 复数 $z=\frac{1}{1-i}$ 的共轭复数为(　　).

A. $\frac{1}{2}+\frac{1}{2}i$　　B. $\frac{1}{2}-\frac{1}{2}i$　　C. $1-i$　　D. $1+i$

2. “判别式 $\Delta=b^2-4ac\neq0$”是“一元二次方程 $ax^2+bx+c=0(a,b,c\in R, a\neq0)$ 有两个复数根”的(　　).

A. 充分不必要条件　　B. 必要不充分条件

C. 充要条件　　D. 既不充分也不必要条件

3. 如果复数 $(m^2+i)\cdot(1+mi)$ 是实数，则实数 $m=$(　　).

A. 1　　B. -1　　C. $\sqrt{2}$　　D. $-\sqrt{2}$

4. 设 $x,y\in\mathbf{R}$，且 $\frac{x}{1-i}+\frac{y}{1-2i}=\frac{5}{1-3i}$，则 $x+y=$__________.

5. 若关于 x 的实系数一元二次方程 $x^2-ax+b=0(a,b\in\mathbf{R})$ 有一根为 $1+\sqrt{2}i$，则 $a+b=$__________.

6. 计算.

(1) $(2+4i)\cdot(5-3i)$；

(2) $1+i+i^2+\cdots+i^{2015}$；

(3) $i\cdot i^2\cdot i^3\cdot\cdots\cdot i^{2015}$；

(4) $\left[(1+2i)\cdot i^{100}+\left(\frac{1-i}{1+i}\right)^5\right]^2-\left(\frac{1+i}{\sqrt{2}}\right)^{20}$.

7. 在复数集内求下列方程的根：

(1) $x^2-2x+3=0$；

(2) $x^2-x-6=0$；

(3) $2x^2+2x+3=0$；

(4) $2x^2-3x+5=0$.

8. 已知$-\frac{1}{2}+\frac{\sqrt{3}}{2}i$是实系数一元二次方程 $x^2+mx+n=0$ 的根,求实数 m,n 的值.

17.3 复数的几何意义及三角形式

知识梳理

1. 复平面(也称阿甘特图)

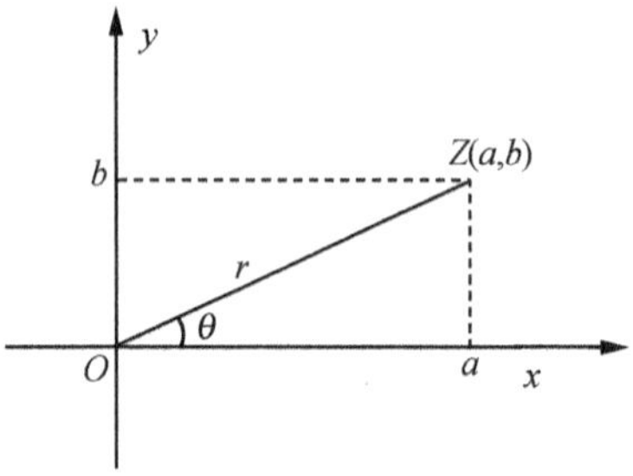

图 17-1

(1) 定义：以横轴和纵轴(原点 O 除外)分别为实轴和虚轴的平面直角坐标系叫作复平面(图 17-1).

(2) 复数的直角坐标：用平面直角坐标系 xOy 的横坐标、纵坐标分别表示复数的实部、虚部，则复数 $z=a+b\mathrm{i}(a,b\in\mathbf{R})$ 与点 $Z(a,b)$ 一一对应，称 $Z(a,b)$ 为复数 $z=a+b\mathrm{i}$ 的直角坐标.

注意：$z=a+b\mathrm{i}\xleftrightarrow{\text{一一对应}}Z(a,b)$.

(3) 几点注意.

① 实轴(x 轴)：表示实数的点.

② 虚轴(除去原点 O 的 y 轴)：表示纯虚数的点.

③ 原点 O：复数 $z=0$.

④ 常见题型：在复平面中，表示复数 z 的点的位置问题.

2. 复数的几何表示法

用复平面内的点来表示复数的方法，称为复数的几何表示法.

3. 复数的向量表示

向量$\overrightarrow{OZ}=(a,b)$叫作复数 $z=a+b\mathrm{i}(a,b\in\mathbf{R})$的向量表示.

4. 复数的模

(1) 定义:复平面内表示复数 $z=a+b\mathrm{i}(a,b\in\mathbf{R})$的点 $Z(a,b)$到原点的距离,记作$|z|$,即$|z|=\sqrt{a^2+b^2}$.

(2) $|z|=r$(定值):点 Z 在以原点为圆心,半径为 r 的圆上(点 Z 到原点的距离为 r).

(3) $|z|\geqslant 0$.

(4) 若 $z=0$,则$|z|=0$;反之亦然.

(5) $|z|=|\overline{z}|$.

(6) $z\cdot\overline{z}=|z|^2=|\overline{z}|^2$.

(7) 绝对值的三角形不等式:$||z_1|-|z_2||\leqslant|z_1\pm z_2|\leqslant|z_1|+|z_2|$.

(8) 复数的积、商、幂的模等于模的积、商、幂.

① $|z_1\cdot z_2|=|z_1|\cdot|z_2|$.

② $\left|\dfrac{z_1}{z_2}\right|=\dfrac{|z_1|}{|z_2|}$.

③ $|z^n|=|z|^n$.

5. 复数的辐角、辐角主值

(1) 复数的辐角:以 x 轴正半轴为始边,OZ 为终边的角 θ.

(2) 复数的辐角主值:复数 z 在$(-\pi,\pi]$内的辐角,记作 $\arg z$.

(3) $\arg z=\theta$(定值):点 Z 在角 θ 的终边上(一条射线).

(4) 复数的辐角一般指的是辐角主值.

(5) 几点注意.

① 复数 $z=0$ 的辐角是任意值(或当 $z=0$ 时,z 的辐角没有意义).

② 取值范围:$\theta\in\mathbf{R}$,$\arg z\in(-\pi,\pi]$.

③ 存在性:依据辐角的定义,非零复数的辐角是存在的.

④ 唯一性:复数的辐角不唯一(辐角 θ 与 $2k\pi+\theta,k\in\mathbf{Z}$),非零复数的辐角主值唯一.

(6) 复数的辐角主值的求法(代数法和几何法).

例如,对 $z=-1+\sqrt{3}\mathrm{i}$,用代数法求辐角. 分三个步骤:

步骤一：$\tan\theta=\dfrac{|b|}{|a|}=\sqrt{3}$.

步骤二：$\theta=\dfrac{\pi}{3}$（θ 为锐角）.

步骤三：分类讨论.

① 若 $z=a+bi$ 对应的点 $Z(a,b)$ 位于第一象限，则 $\arg z=\theta$.

② 若 $z=a+bi$ 对应的点 $Z(a,b)$ 位于第二象限，则 $\arg z=\pi-\theta$.

③ 若 $z=a+bi$ 对应的点 $Z(a,b)$ 位于第三象限，则 $\arg z=\theta-\pi$.

④ 若 $z=a+bi$ 对应的点 $Z(a,b)$ 位于第四象限，则 $\arg z=-\theta$.

复数 $z=-1+\sqrt{3}i$ 在复平面上对应的点 Z 的坐标为 $(-1,\sqrt{3})$，位于第二象限，故 $\arg z=\pi-\dfrac{\pi}{3}=\dfrac{2\pi}{3}$.

设 $z=a+bi(a>0,b>0)$，则各象限的点对应的辐角如图 17-2 所示.

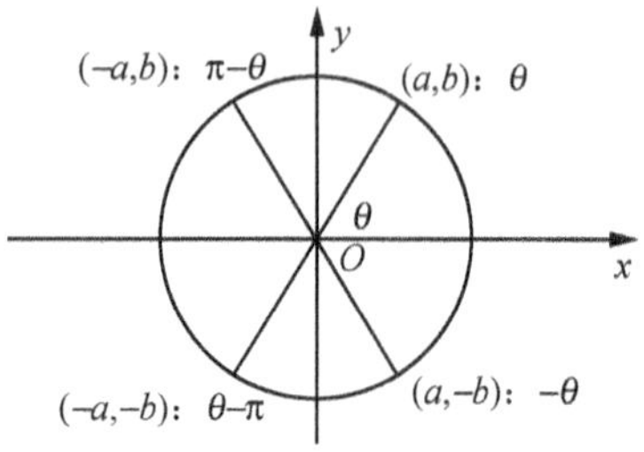

图 17-2

用几何法求辐角，如图 17-3 所示.

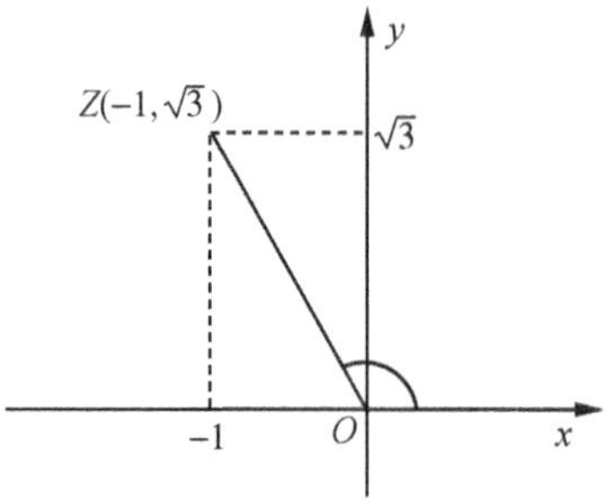

图 17-3

6. 复数的极坐标(r,θ)

r 为复数 z 的模（$r\geqslant 0$），θ 为复数 z 的辐角（$\theta\in\mathbf{R}$）.

7. 复数的三角形式

(1) 定义：把 $z=r(\cos\theta+i\sin\theta)$ 叫作复数的三角形式.

(2) 几点注意.

① $r\geqslant 0$.

② 复数 z 的实部为 $r\cos\theta$,虚部为 $r\sin\theta$.

③ 在 $\cos\theta$ 与 $\mathrm{i}\sin\theta$ 之间用"+"连接.

④ 复数的三角形式中的 θ 可以是复数的辐角,也可以是复数的辐角主值.

⑤ $\tan\theta=\dfrac{b}{a}(a\neq 0)$.

⑥ 复数 $z=0$ 的三角形式为 $z=0\cdot(\cos\theta+\mathrm{i}\sin\theta)$.

(3) 若 $z=r(\cos\theta+\mathrm{i}\sin\theta)$,则 $\bar{z}=r[\cos(-\theta)+\mathrm{i}\sin(-\theta)]$,如图 17-4 所示.

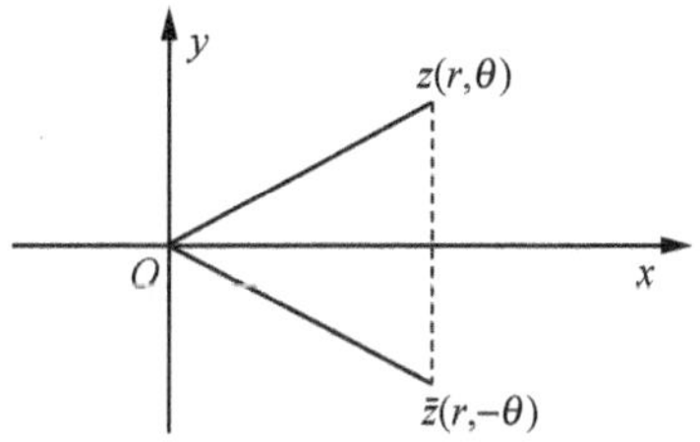

图 17-4

(4) 三角复数式化为复数的三角形式的常用方法.

① $r(\sin\theta+\mathrm{i}\cos\theta)=r\left[\cos\left(\dfrac{\pi}{2}-\theta\right)+\mathrm{i}\sin\left(\dfrac{\pi}{2}-\theta\right)\right]$.(第一象限)

② $r(-\cos\theta+\mathrm{i}\sin\theta)=r[\cos(\pi-\theta)+\mathrm{i}\sin(\pi-\theta)]$.(第二象限)

③ $-r(\cos\theta+\mathrm{i}\sin\theta)=r[\cos(\theta-\pi)+\mathrm{i}\sin(\theta-\pi)]$.(第三象限)

④ $r(\cos\theta-\mathrm{i}\sin\theta)=r[\cos(-\theta)+\mathrm{i}\sin(-\theta)]$.(第四象限)

8. 关于 i 的四次循环

(1) i 的四次循环的具体形式:$\mathrm{i}^{4n+1}=\mathrm{i}$,$\mathrm{i}^{4n+2}=-1$,$\mathrm{i}^{4n+3}=-\mathrm{i}$,$\mathrm{i}^{4n+4}=1$.

备注:i 的模为 1,辐角主值为 90°.

图示如下(图 17-5):

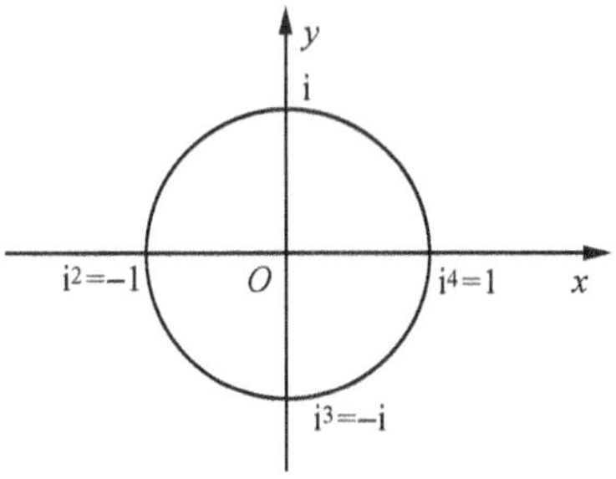

图 17-5

(2) 类比:$\omega=-\dfrac{1}{2}+\dfrac{\sqrt{3}}{2}\mathrm{i}$ 的三次循环.

备注:$\omega=-\dfrac{1}{2}+\dfrac{\sqrt{3}}{2}\mathrm{i}$ 的模为 1,辐角主值为 120°.

图示如下(图 17-6)：

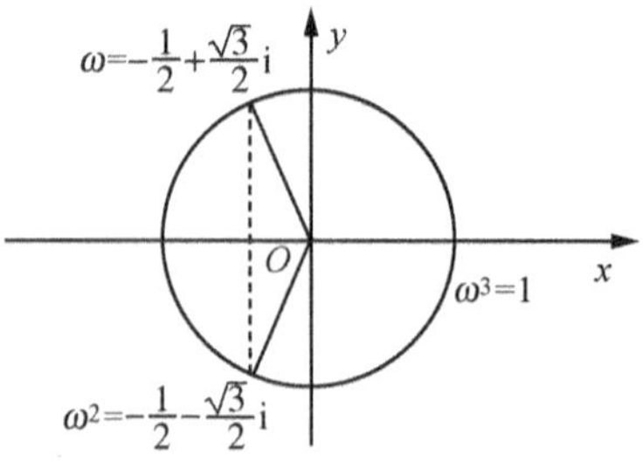

图 17-6

(3) 思考：$\omega=\frac{1}{2}+\frac{\sqrt{3}}{2}i$ 的六次循环.

例题讲解

例 1(2013.19) 已知复数 $z=(m-1)+(|2m-1|-2)i(m\in\mathbf{R})$ 在复平面上对应的点位于第三象限，求 m 的取值范围.

解 由题设，知复数 $z=(m-1)+(|2m-1|-2)i(m\in\mathbf{R})$ 在复平面上对应的点 Z 的坐标为 $(m-1,|2m-1|-2)$. 由题设，知

$$\begin{cases}m-1<0,\\|2m-1|-2<0.\end{cases}$$

解之，得

$$\begin{cases}m<1,\\-\frac{1}{2}<m<\frac{3}{2},\end{cases}$$

故 $-\frac{1}{2}<m<1$，实数 m 的取值范围是 $\left(-\frac{1}{2},1\right)$.

例 2(2017.16) 已知复数 $z=(m^2-2m-8)+(\log_2 m-1)i$ 所表示的点在第二象限，求实数 m 的取值范围.

解 由题设，知复数 $z=(m^2-2m-8)+(\log_2 m-1)i$ 所表示的点 Z 的坐标为 $(m^2-2m-8,\log_2 m-1)$，则

$$\begin{cases}m^2-2m-8<0,\\\log_2 m-1>0.\end{cases}$$

解之，得

$$\begin{cases}-2<m<4,\\m>2,\end{cases}$$

故 $2<m<4$，实数 m 的取值范围是 $(2,4)$.

例 3(2015.2)　已知复数 z 满足 $\mathrm{i}\cdot z=1-\mathrm{i}$,则 $|z|$ 等于(　　).

A. 1　　B. $\sqrt{3}$　　C. 2　　D. $\sqrt{2}$

解　解法一　由题设,知

$$\mathrm{i}\cdot z=1-\mathrm{i}=-\mathrm{i}^2-\mathrm{i}=\mathrm{i}\cdot(-1-\mathrm{i}),$$

故 $z=-1-\mathrm{i}$, $|z|=\sqrt{2}$.

解法二　由题设,知

$$z=\frac{1-\mathrm{i}}{\mathrm{i}}=-1-\mathrm{i},$$

故 $|z|=\sqrt{2}$.

解法三　由题设,知

$$|\mathrm{i}\cdot z|=|\mathrm{i}|\cdot|z|=|z|=\sqrt{2}.$$

例 4(2020.2)　若复数 z 满足 $z(2-\mathrm{i})=1+3\mathrm{i}$,则 z 的模等于(　　).

A. $\sqrt{2}$　　B. $\sqrt{3}$　　C. 2　　D. 3

解　解法一　由题设,知

$$z=\frac{1+3\mathrm{i}}{2-\mathrm{i}}=-\frac{1}{5}+\frac{7}{5}\mathrm{i},$$

故 $|z|=\sqrt{\left(-\frac{1}{5}\right)^2+\left(\frac{7}{5}\right)^2}=\sqrt{2}$.

解法二　由题设,知

$$|z(2-\mathrm{i})|=|z|\cdot|2-\mathrm{i}|=\sqrt{5}|z|=\sqrt{10},$$

故 $|z|=\sqrt{2}$.

例 5　复数 z 满足 $|z-1|=2$, $\arg z=-\frac{5\pi}{6}$,求复数 z.

解　解法一(代数形式)　由题意,设复数 z 为 $z=a+b\mathrm{i}(a,b\in\mathbf{R})$. 由题设,知

$$\begin{cases}\sqrt{(a-1)^2+b^2}=2,\\ \dfrac{b}{a}=\tan\left(-\dfrac{5\pi}{6}\right).\end{cases}$$

解之,得 $a=\frac{3-3\sqrt{5}}{4}$, $b=\frac{\sqrt{3}-\sqrt{15}}{4}$,故 $z=\frac{3-3\sqrt{5}}{4}+\frac{\sqrt{3}-\sqrt{15}}{4}\mathrm{i}$.

解法二(三角形式)　由题意,设复数 z 为

$$z=r\left[\cos\left(-\frac{5\pi}{6}\right)+\mathrm{i}\sin\left(-\frac{5\pi}{6}\right)\right]=-\frac{\sqrt{3}}{2}r-\frac{1}{2}r\mathrm{i}(r>0),$$

故而有

$$z-1=\left(-\frac{\sqrt{3}}{2}r-\frac{1}{2}ri\right)-1=\left(-\frac{\sqrt{3}}{2}r-1\right)-\frac{1}{2}ri.$$

由 $|z-1|=2$，知

$$\sqrt{\left(-\frac{\sqrt{3}}{2}r-1\right)^2+\left(-\frac{1}{2}r\right)^2}=2.$$

解之，得 $r=\dfrac{\sqrt{15}-\sqrt{3}}{2}$.

故

$$z=-\frac{\sqrt{3}}{2}\times\frac{\sqrt{15}-\sqrt{3}}{2}-\frac{1}{2}\times\frac{\sqrt{15}-\sqrt{3}}{2}i=\frac{3-3\sqrt{5}}{4}-\frac{\sqrt{15}-\sqrt{3}}{4}i.$$

例 6 已知复数 $z-1$ 的辐角主值为 $-\dfrac{\pi}{3}$，且 $|z-1|=2$.

(1) 求复数 z；

(2) 若 z 是实系数一元二次方程 $x^2+px+q=0$ 的一个根，且 $z_1=q-pi$，求复数 z_1.

解 (1) 由题设，知

$$z-1=2\left[\cos\left(-\frac{\pi}{3}\right)+i\sin\left(-\frac{\pi}{3}\right)\right]=1-\sqrt{3}i,$$

故 $z=2-\sqrt{3}i$.

(2) 解法一 由题设，知实系数一元二次方程 $x^2+px+q=0$ 的另一个根为 $\overline{z}=2+\sqrt{3}i$. 由韦达定理，知

$$\begin{cases} z+\overline{z}=(2-\sqrt{3}i)+(2+\sqrt{3}i)=-p, \\ z\cdot\overline{z}=(2-\sqrt{3}i)\cdot(2+\sqrt{3}i)=q, \end{cases}$$

故 $p=-4$，$q=7$，故复数 z_1 为 $z_1=7+4i$.

解法二 由题设，将 $z=2-\sqrt{3}i$ 代入实系数一元二次方程 $x^2+px+q=0$，得

$$(2-\sqrt{3}i)^2+p(2-\sqrt{3}i)+q=0.$$

整理得

$$(2p+q+1)-\sqrt{3}(p+4)i=0.$$

故而有

$$\begin{cases} 2p+q+1=0, \\ p+4=0. \end{cases}$$

解之，得 $p=-4$，$q=7$，故复数 z_1 为 $z_1=7+4i$.

课后练习

1. (2017.3) 若复数 $z=5-12i$,则 z 的共轭复数的模等于(　　).

A. 5　　B. 12　　C. 13　　D. 14

2. (2018.2) 若实系数一元二次方程 $x^2+mx+n=0$ 的一个根为 $1-i$,则另一个根的三角形式为(　　).

A. $\cos\frac{\pi}{4}+i\sin\frac{\pi}{4}$　　B. $\sqrt{2}\left(\cos\frac{3\pi}{4}-i\sin\frac{3\pi}{4}\right)$

C. $\sqrt{2}\left(\cos\frac{\pi}{4}+i\sin\frac{\pi}{4}\right)$　　D. $\sqrt{2}\left[\cos\left(-\frac{\pi}{4}\right)+i\sin\left(-\frac{\pi}{4}\right)\right]$

3. 已知复数 $z_1=a+bi, z_2=-1+ai(a,b\in\mathbf{R})$,若 $|z_1|<|z_2|$,则实数 b 适合的条件是(　　).

A. $b<-1$ 或 $b>1$　　B. $-1<b<1$

C. $b>1$　　D. $b>0$

4. 已知复数 $z=(m^2+m-6)+(m^2+m-2)i$ 在复平面内所对应的点在直线 $x-2y+4=0$ 上,则实数 m 的值为____________.

5. 复数 $z=\sin60°-i\cos30°$ 的三角形式是____________.

6. 若复数 $z=(m^2-3m-4)+(m^2-5m-6)i$ 对应的点在虚轴上,求实数 m 的值.

7. 已知 $z=1+\mathrm{i}$，$\omega=z^2+3z-8$，求 ω 的三角形式.

8. 判断下列复数的形式，并进行代数形式与三角形式的互化：

(1) $-1+\sqrt{3}\mathrm{i}$；

(2) $2(\cos60^\circ+\mathrm{i}\sin60^\circ)$.

17.4 棣莫弗定理与欧拉公式

知识梳理

1. 复数的三角形式的乘法

设 $z_1=r_1(\cos\theta_1+i\sin\theta_1)$，$z_2=r_2(\cos\theta_2+i\sin\theta_2)$，则

$$\begin{aligned}z_1\cdot z_2&=r_1(\cos\theta_1+i\sin\theta_1)\cdot r_2(\cos\theta_2+i\sin\theta_2)\\&=r_1\cdot r_2[\cos(\theta_1+\theta_2)+i\sin(\theta_1+\theta_2)].\end{aligned}$$

(1) 证明：

$$\begin{aligned}&(\cos\theta_1+i\sin\theta_1)\cdot(\cos\theta_2+i\sin\theta_2)\\&=\cos\theta_1\cos\theta_2+i\cos\theta_1\sin\theta_2+i\sin\theta_1\cos\theta_2+i^2\sin\theta_1\sin\theta_2\\&=(\cos\theta_1\cos\theta_2-\sin\theta_1\sin\theta_2)+i(\sin\theta_1\cos\theta_2+\cos\theta_1\sin\theta_2)\\&=\cos(\theta_1+\theta_2)+i\sin(\theta_1+\theta_2).\end{aligned}$$

(2) 记忆口诀：积的模等于模的积，积的辐角等于辐角的和.

(3) 适用范围：复数的三角形式(求积).

2. 复数的三角形式的除法

设 $z_1=r_1(\cos\theta_1+i\sin\theta_1)$，$z_2=r_2(\cos\theta_2+i\sin\theta_2)$，且 $r_1,r_2>0$，则

$$\begin{aligned}\frac{z_1}{z_2}&=\frac{r_1(\cos\theta_1+i\sin\theta_1)}{r_2(\cos\theta_2+i\sin\theta_2)}\\&=\frac{r_1}{r_2}\cdot[\cos(\theta_1-\theta_2)+i\sin(\theta_1-\theta_2)].\end{aligned}$$

(1) 证明：

$$\begin{aligned}\frac{\cos\theta_1+i\sin\theta_1}{\cos\theta_2+i\sin\theta_2}&=\frac{(\cos\theta_1+i\sin\theta_1)\cdot(\cos\theta_2-i\sin\theta_2)}{(\cos\theta_2+i\sin\theta_2)\cdot(\cos\theta_2-i\sin\theta_2)}\\&=\frac{(\cos\theta_1+i\sin\theta_1)\cdot[\cos(-\theta_2)+i\sin(-\theta_2)]}{\cos^2\theta_2+\sin^2\theta_2}\\&=\cos(\theta_1-\theta_2)+i\sin(\theta_1-\theta_2).\end{aligned}$$

（2）记忆口诀：商的模等于模的商，商的辐角等于辐角的差.

（3）适用范围：复数的三角形式（求商）.

（4）关于复数的三角形式的倒数.

① 公式证明：$\frac{1}{z}=\frac{1}{r(\cos\theta+\mathrm{i}\sin\theta)}=\frac{1}{r}\cdot[\cos(-\theta)+\mathrm{i}\sin(-\theta)]$.

② 记忆口诀：倒数的模等于模的倒数，倒数的辐角等于辐角的相反数.

3. 复数的三角形式的幂

由复数的三角形式的乘法，知

$$[r(\cos\theta+\mathrm{i}\sin\theta)]^n=r^n\cdot(\cos n\theta+\mathrm{i}\sin n\theta),$$

其中，$n\in\mathbf{N}_+$. 这个结论叫作棣莫弗定理或棣莫弗法则.

（1）证明：

$$[r(\cos\theta+\mathrm{i}\sin\theta)]^2=r^2\cdot(\cos2\theta+\mathrm{i}\sin2\theta).$$

$$[r(\cos\theta+\mathrm{i}\sin\theta)]^3=r^3\cdot(\cos3\theta+\mathrm{i}\sin3\theta).$$

…

（2）记忆口诀：n 次幂的模等于模的 n 次幂，辐角等于原复数辐角的 n 倍.

（3）适用范围：复数的三角形式（求幂）.

（4）$0^n=0$，$n\in\mathbf{N}_+$.

4. 积、商、幂的模等于模的积、商、幂

（1）$|z_1\cdot z_2|=|z_1|\cdot|z_2|$.

（2）$\left|\frac{z_1}{z_2}\right|=\frac{|z_1|}{|z_2|}(|z_1|>0,|z_2|>0)$.

（3）$|z^n|=|z|^n$.

5. n 次循环

例如，$z=\frac{\sqrt{2}}{2}+\frac{\sqrt{2}}{2}\mathrm{i}=\cos\frac{\pi}{4}+\mathrm{i}\sin\frac{\pi}{4}$.

要求：$|z|=1(|z|^n=1)$.

用途：便于计算 z^n.

当复数 z 的辐角主值为正值时，旋转方向为逆时针方向；当复数 z 的辐角主值为负值时，旋转方向为顺时针方向，如图 17-7 所示.

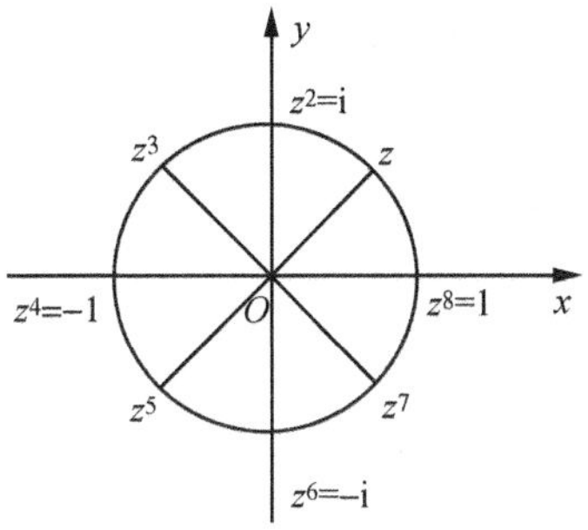

图 17-7

6. 欧拉公式：$\cos\theta+i\sin\theta=e^{i\theta}$

备注：$e^{i\cdot\pi}+1=0$(号称最具数学魅力的等式).

7. 复数的指数形式

$$r(\cos\theta+i\sin\theta)=r\cdot e^{i\theta}.$$

8. 复数的指数形式的运算

设$z=r\cdot e^{i\theta}$，$z_1=r_1\cdot e^{i\theta_1}$，$z_2=r_2\cdot e^{i\theta_2}$，则

(1) $z_1\cdot z_2=r_1\cdot e^{i\theta_1}\cdot r_2\cdot e^{i\theta_2}=r_1r_2\cdot e^{i(\theta_1+\theta_2)}$.

(2) $\dfrac{z_1}{z_2}=\dfrac{r_1\cdot e^{i\theta_1}}{r_2\cdot e^{i\theta_2}}=\dfrac{r_1}{r_2}e^{i(\theta_1-\theta_2)}$.

(3) $z^n=(r\cdot e^{i\theta})^n=r^n\cdot e^{in\theta}$.

9. 复数的极坐标形式

$$z=r\angle\theta.$$

10. 复数的极坐标形式的运算

设 $z=r\angle\theta$，$z_1=r_1\angle\theta_1$，$z_2=r_2\angle\theta_2$，则

(1) $z_1\cdot z_2=r_1\angle\theta_1\cdot r_2\angle\theta_2=r_1r_2\angle(\theta_1+\theta_2)$.

(2) $z_1\div z_2=r_1\angle\theta_1\div r_2\angle\theta_2=\dfrac{r_1}{r_2}\angle(\theta_1-\theta_2)$，这里 $r_2\angle\theta_2\neq0$.

(3) $z^n=(r\angle\theta)^n=r^n\angle n\theta$.

11. 复数的四种形式

(1) 代数形式：$z=a+bi(a,b\in\mathbf{R})$.

（2）三角形式：$z=r(\cos\theta+\mathrm{i}\sin\theta)$.

（3）指数形式：$z=r\cdot \mathrm{e}^{\mathrm{i}\theta}$.

（4）极坐标形式：$z=r\angle\theta$.

12. 复数的两种坐标

（1）直角坐标：(a,b).（代数形式）

（2）极坐标：(r,θ).（三角形式）

13. 复数的两种表示

（1）几何表示：$Z(a,b)$.

（2）向量表示：$\overrightarrow{OZ}=(a,b)$.

例题讲解

例 1 已知 $z_1=\sqrt{2}(\cos40^\circ+\mathrm{i}\sin40^\circ)$，$z_2=2(\cos20^\circ-\mathrm{i}\sin20^\circ)$，求：

（1）$\dfrac{z_1}{z_2}$；

（2）$\dfrac{z_1}{\overline{z_2}}$.

解 （1）由题设，知

$$\begin{aligned}\frac{z_1}{z_2}&=\frac{\sqrt{2}(\cos40^\circ+\mathrm{i}\sin40^\circ)}{2(\cos20^\circ-\mathrm{i}\sin20^\circ)}\\&=\frac{\sqrt{2}(\cos40^\circ+\mathrm{i}\sin40^\circ)}{2[\cos(-20^\circ)+\mathrm{i}\sin(-20^\circ)]}\\&=\frac{\sqrt{2}}{2}\cdot(\cos60^\circ+\mathrm{i}\sin60^\circ)\\&=\frac{\sqrt{2}}{2}\cdot\left(\frac{1}{2}+\frac{\sqrt{3}}{2}\mathrm{i}\right)\\&=\frac{\sqrt{2}}{4}+\frac{\sqrt{6}}{4}\mathrm{i}.\end{aligned}$$

（2）由题设，知$\overline{z_2}=2(\cos20^\circ+\mathrm{i}\sin20^\circ)$，故

$$\frac{z_1}{\overline{z_2}}=\frac{\sqrt{2}(\cos40^\circ+\mathrm{i}\sin40^\circ)}{2(\cos20^\circ+\mathrm{i}\sin20^\circ)}=\frac{\sqrt{2}}{2}\cdot(\cos20^\circ+\mathrm{i}\sin20^\circ).$$

例 2 计算：

（1）$z_1=\left[\sqrt{3}\left(-\cos\dfrac{\pi}{4}+\mathrm{i}\sin\dfrac{\pi}{4}\right)\right]^6$；

(2) $z_2=\left(\frac{\sqrt{3}}{2}+\frac{1}{2}\mathrm{i}\right)^6$.

解　(1) $z_1=\left[\sqrt{3}\left(-\cos\frac{\pi}{4}+\mathrm{i}\sin\frac{\pi}{4}\right)\right]^6$

$$=\left[\sqrt{3}\left(\cos\frac{3\pi}{4}+\mathrm{i}\sin\frac{3\pi}{4}\right)\right]^6$$

$$=(\sqrt{3})^6\cdot\left[\cos\left(6\times\frac{3\pi}{4}\right)+\mathrm{i}\sin\left(6\times\frac{3\pi}{4}\right)\right]$$

$$=27\left(\cos\frac{9\pi}{2}+\mathrm{i}\sin\frac{9\pi}{2}\right)$$

$$=27\mathrm{i}.$$

(2) $z_2=\left(\frac{\sqrt{3}}{2}+\frac{1}{2}\mathrm{i}\right)^6$

$$=(\cos30^\circ+\mathrm{i}\sin30^\circ)^6$$

$$=\cos(6\times30^\circ)+\mathrm{i}\sin(6\times30^\circ)$$

$$=\cos180^\circ+\mathrm{i}\sin180^\circ$$

$$=-1.$$

例 3　计算 $5\mathrm{e}^{\mathrm{i}\frac{\pi}{4}}\div\mathrm{e}^{\mathrm{i}\left(-\frac{\pi}{4}\right)}$.

解　$5\mathrm{e}^{\mathrm{i}\frac{\pi}{4}}\div\mathrm{e}^{\mathrm{i}\left(-\frac{\pi}{4}\right)}=5\mathrm{e}^{\mathrm{i}\left[\frac{\pi}{4}-\left(-\frac{\pi}{4}\right)\right]}=5\mathrm{e}^{\mathrm{i}\frac{\pi}{2}}=5\mathrm{i}$.

例 4　已知复数 $z_1=2\mathrm{e}^{\mathrm{i}\frac{\pi}{6}}$，$z_2=\sqrt{2}\mathrm{e}^{-\mathrm{i}\frac{\pi}{6}}$，用复数的极坐标形式分别求：

(1) $z_1\cdot z_2$；

(2) $\frac{z_1}{z_2}$.

解　(1) 由题设，知 $z_1=2\angle\frac{\pi}{6}$，$z_2=\sqrt{2}\angle\left(-\frac{\pi}{6}\right)$，故

$$z_1\cdot z_2=2\angle\frac{\pi}{6}\cdot\sqrt{2}\angle\left(-\frac{\pi}{6}\right)=2\sqrt{2}\angle0=2\sqrt{2}.$$

(2) 同(1)，知

$$\frac{z_1}{z_2}=\frac{2\angle\frac{\pi}{6}}{\sqrt{2}\angle\left(-\frac{\pi}{6}\right)}=\sqrt{2}\angle\frac{\pi}{3}=\frac{\sqrt{2}}{2}+\frac{\sqrt{6}}{2}\mathrm{i}.$$

例 5　已知复数 $\frac{(1-a\mathrm{i})^2}{1-\sqrt{3}\mathrm{i}}$ 的模为 2，求实数 a 的值.

解　由题设，知

$$\left|\frac{(1-a\mathrm{i})^2}{1-\sqrt{3}\mathrm{i}}\right|=\frac{|1-a\mathrm{i}|^2}{|1-\sqrt{3}\mathrm{i}|}=\frac{1+a^2}{2}=2.$$

解之，得 $a=\pm\sqrt{3}$.

课后练习

1. $(1+\sqrt{3}\mathrm{i})^5=$（　　）.

A. $\cos300^\circ+\mathrm{i}\sin300^\circ$　　B. $32(\cos300^\circ+\mathrm{i}\sin300^\circ)$

C. $32(\cos150^\circ+\mathrm{i}\sin150^\circ)$　　D. $\cos150^\circ+\mathrm{i}\sin150^\circ$

2. 复数 $2\angle\left(-\frac{\pi}{2}\right)$的代数形式为（　　）.

A. 2　　B. -2　　C. $2\mathrm{i}$　　D. $-2\mathrm{i}$

3. $z=\left(\cos\frac{\pi}{4}+\mathrm{i}\sin\frac{\pi}{4}\right)^6$的辐角主值为（　　）.

A. $\frac{3\pi}{2}$　　B. $-\frac{3\pi}{2}$　　C. $\frac{\pi}{2}$　　D. $-\frac{\pi}{2}$

4. $\mathrm{i}\div\left(\cos\frac{\pi}{4}+\mathrm{i}\sin\frac{\pi}{4}\right)=$__________.

5. $\left(2\angle\frac{\pi}{6}\right)^4=$__________.（用三角形式表示结果）

6. 求复数 $z=\frac{(\sqrt{3}+\mathrm{i})^{10}\cdot(4-3\mathrm{i})^3}{(\sqrt{2}-\mathrm{i})^6}$的模.

7. 计算：

(1) $4\left(\cos\frac{\pi}{3}+i\sin\frac{\pi}{3}\right)\cdot 3\left(\cos\frac{4\pi}{3}+i\sin\frac{4\pi}{3}\right)$；

(2) $2(\cos60^\circ+i\sin60^\circ)\cdot\sqrt{3}(\cos30^\circ-i\sin30^\circ)$；

(3) $\left(\frac{\sqrt{3}+i}{2}\right)^{12}+\left(\frac{\sqrt{3}-i}{2}\right)^{12}$；

(4) $[2(\cos30^\circ-i\sin30^\circ)]^{10}$.

8. 计算：

(1) $(\cos 10^\circ + \mathrm{i}\sin 10^\circ)^9$；

(2) $(\sqrt{3}+\mathrm{i})^{100}$；

(3) $\left[3 \cdot \left(\cos \frac{\pi}{4} + \mathrm{i}\sin \frac{\pi}{4}\right)\right]^5$；

(4) $\left(\frac{1}{2} + \frac{\sqrt{3}}{2}\mathrm{i}\right)^{2\,016}$.

测试卷

（满分为 150 分，时间为 120 分钟）

一、单项选择题（本大题共 10 小题，每小题 4 分，共 40 分. 在下列每小题中，选出一个正确答案）

1. 若复数 $z=(x^2-1)+(x-1)\mathrm{i}$ 为纯虚数，则实数 x 的值为（　　）.

A. -1　　B. 0　　C. 1　　D. -1 或 1

2. $(1-\mathrm{i})^8=$（　　）.

A. 16　　B. -16　　C. $1+\mathrm{i}$　　D. $1-\mathrm{i}$

3. 下面三个命题：

① 0 比 $-\mathrm{i}$ 大；

② 两个复数互为共轭复数的充要条件是它们的和为实数；

③ $x+y\mathrm{i}=1+\mathrm{i}$ 的充要条件为 $x=y=1$.

其中，正确命题的个数是（　　）.

A. 0 个　　B. 1 个　　C. 2 个　　D. 3 个

4. 已知复数 $z=2-\mathrm{i}$，则 $z\cdot\bar{z}$ 的值为（　　）.

A. 5　　B. $\sqrt{5}$　　C. 3　　D. $\sqrt{3}$

5. 设 $z=3+\mathrm{i}$，则 $\frac{1}{z}$ 等于（　　）.

A. $3+\mathrm{i}$　　B. $3-\mathrm{i}$　　C. $\frac{3}{10}\mathrm{i}+\frac{1}{10}$　　D. $\frac{3}{10}+\frac{1}{10}\mathrm{i}$

6. 在复平面内，$z=\left(\cos\frac{\pi}{2}+\mathrm{i}\sin\frac{\pi}{2}\right)\cdot(1+2\mathrm{i})$ 对应的点位于（　　）.

A. 第一象限　　B. 第二象限　　C. 第三象限　　D. 第四象限

7. 复数 $\mathrm{i}^{2018}(1+\mathrm{i})$ 等于（　　）.

A. $-1+\mathrm{i}$　　B. $1+\mathrm{i}$

C. $\sqrt{2}\left(\cos\frac{5\pi}{4}+\mathrm{i}\sin\frac{5\pi}{4}\right)$　　D. $\cos\frac{5\pi}{4}+\mathrm{i}\sin\frac{5\pi}{4}$

8. 满足条件 $|z+1-\mathrm{i}|=2$ 的复数 z 对应的点表示（　　）.

A. 射线　　B. 半径为 2 的圆

C. 线段　　D. 直线

9. 已知 a 是实数，$\frac{1-\mathrm{i}}{1+\mathrm{i}}$是纯虚数，则 a 等于（　　）.

A. 1　　B. -1　　C. $\sqrt{2}$　　D. $-\sqrt{2}$

10. i 是虚数单位，若$\frac{1+7\mathrm{i}}{2-\mathrm{i}}=a+b\mathrm{i}(a,b\in\mathbf{R})$，则 ab 的值是（　　）.

A. -15　　B. 3　　C. -3　　D. 15

二、填空题（本大题共 5 小题，每小题 4 分，共 20 分）

11. 复数$\left(\frac{1+\mathrm{i}}{\mathrm{i}}\right)^4=$____________.

12. 若 $z=\sqrt{3}\mathrm{i}-1$，则$\bar{z}=$____________.

13. 已知复数 z 满足方程 $x^2-2x+9=0$，则$|z|=$____________.

14. 若复数 $z_1=a+2\mathrm{i}$，$z_2=1-\mathrm{i}$，且 z_1，z_2 为纯虚数，则实数 a 的值为__________.

15. 复数$\frac{2}{1-\mathrm{i}}$对应的点到直线 $y=x+1$ 的距离是____________.

三、解答题（本大题共 8 小题，共 90 分）

16.（本题满分 8 分）已知复数 z 满足 $4z+2\bar{z}=3\sqrt{3}+\mathrm{i}$，求复数 z.

17. (本题满分 10 分)设复数 $z=\cos\theta-\sin\theta+\mathrm{i}(\cos\theta+\sin\theta)$.

(1) 当 $\theta=\frac{\pi}{4}$ 时,求复数 z 的三角形式;

(2) 当 θ 为何值时,$|z|$ 取最大值? 并求此最大值.

18. (本题满分 12 分)已知复数 z 满足 $z+\overline{z}=2\sqrt{3}$,$(z-\overline{z})\mathrm{i}=2$(i 为虚数单位).

(1) 求复数 z 的模和辐角主值;

(2) 若复数 z 是实系数一元二次方程 $x^2+mx+n=0$ 的根,求实数 m,n 的值.

19.（本题满分 12 分）已知 $z\in \mathbf{C}$，$|z-2|=1$，且复数 $z-2$ 对应的点落在直线 $y=x$ 上，求复数 z.

20.（本题满分 10 分）计算：

(1) $(1+\sqrt{3}\mathrm{i})^5$；

(2) $6\mathrm{e}^{\mathrm{i}\cdot\frac{\pi}{4}}\div\mathrm{e}^{\mathrm{i}\cdot\frac{\pi}{4}}$.

21. (本题满分 14 分)已知复数 z 满足 $z+|\overline{z}|=8+4\mathrm{i}$,其中 i 是虚数单位.

(1) 求复数 z;

(2) 求复数 $z+1$ 的三角形式.

22. (本题满分 10 分)已知复数 $z=a+\mathrm{i}$(a 为正实数,i 为虚数单位),$|z|=2$.

(1) 求复数 z;

(2) 计算$\dfrac{\overline{z}}{z+1}$.

23.（本题满分 14 分）已知复数 z 满足 $z+2\mathrm{i}$，$\frac{z}{2-\mathrm{i}}$均为实数，且复数 $(z+x\mathrm{i})^2$ 在复平面上对应的点在第一象限.

（1）求复数 z；

（2）求实数 x 的取值范围.

第 18 章

线性规划初步

18.1　线性规划问题的有关概念

知识梳理

1. 决策变量

决策变量是指在具体的决策问题中，要求通过模型计算来解答的各未知数，如 $x_1, x_2, \cdots, x_n$ 或 x, y.

2. 目标函数

目标函数是指欲达到最大值或最小值所涉及的关于决策变量（如 $x_1, x_2, \cdots, x_n$ 或 x, y）的解析式.

3. 线性目标函数

线性目标函数是指关于决策变量 x, y（二元）的一次线性函数（直线）的目标函数（或多元决策变量 $x_1, x_2, \cdots, x_n$）.

4. 约束条件

约束条件是指在具体的决策问题中，关于决策变量（如 $x_1, x_2, \cdots, x_n$ 或 x, y）的一次(线性)不等式或等式.

5. 线性规划问题

在约束条件下求目标函数的最大值或最小值的问题,即线性规划问题,简称LP问题.

6. 线性规划问题的三要素

(1) 决策变量.

(2) 目标函数(一次线性).

(3) 约束条件(一次线性不等式或等式,可化简,也可不化简).

7. 建立线性规划问题数学模型的步骤(三确定)

(1) 确定决策变量.

(2) 确定目标函数.

(3) 确定约束条件.

8. 线性规划问题数学模型的共同特征(三特征)

(1) 每一个问题都用一组决策变量来表示,这些变量一般情况下都取非负值.

(2) 存在一定的约束条件,通常用一组一次(线性)不等式或等式表示.

(3) 都有一个要达到的目标,用决策变量的一次(线性)函数即目标函数来表示,按问题的不同实现最大化或最小化.

9. 判断数学模型是否为线性规划问题的依据(三是否)

(1) 目标函数是否是求最值.

(2) 目标函数和约束条件是否分别是一次(线性)函数和一次不等式(等式).

(3) 决策变量是否是非负值.(注意取整与否:$x\geqslant 0$ 与 $x\in\mathbf{N}$)

备注:最值、线性、非负.

10. 线性规划问题数学模型的一般形式

目标函数:$\max(\min) z=c_1x_1+c_2x_2+\cdots+c_nx_n$.

约束条件:

$$\begin{cases} a_{11}x_1+a_{12}x_2+\cdots+a_{1n}x_n\leqslant b_1,(\text{或}=b_1,\geqslant b_1) \\ a_{21}x_1+a_{22}x_2+\cdots+a_{2n}x_n\leqslant b_2,(\text{或}=b_2,\geqslant b_2) \\ \cdots\cdots \\ a_{m1}x_1+a_{m2}x_2+\cdots+a_{mn}x_n\leqslant b_m.(\text{或}=b_m,\geqslant b_m) \end{cases}$$

备注：一般情况下，约束条件中不能出现严格不等号（$<$，$>$）．通常情况下，$b_i\geqslant 0(i=1,2,\cdots,m)$．

11. 线性规划问题数学模型的标准形式

目标函数：$\max z=c_1x_1+c_2x_2+\cdots+c_nx_n$．

约束条件：

$$\begin{cases} a_{11}x_1+a_{12}x_2+\cdots+a_{1n}x_n=b_1, \\ a_{21}x_1+a_{22}x_2+\cdots+a_{2n}x_n=b_2, \\ \cdots\cdots \\ a_{m1}x_1+a_{m2}x_2+\cdots+a_{mn}x_n=b_m. \end{cases}$$

其中，$b_i\geqslant 0(i=1,2,\cdots,m)$．

12. 线性规划问题数学模型标准形式的特点

（1）目标函数为最大值形式．

（2）约束条件用等式表示，且等式右边的常数为非负数．

（3）决策变量非负．

13. 线性规划问题的四种常见题型

（1）产品安排问题．

（2）人力调配问题．

（3）物资调运问题．

（4）恰当下料问题．

14. 线性规划问题（最优化问题）的三种解法

（1）图解法．

（2）表格法．

（3）Excel 法．

例题讲解

例 1(2015.22) 某学校需租用车辆运送 188 名师生去参观爱国主义教育基地,若租车公司现有 6 辆中巴和 8 辆大巴可用,每辆中巴可载客 18 人,每辆大巴可载客 40 人,已知租用一辆中巴的费用为 110 元,租用一辆大巴的费用是 250 元. 问:学校应租用中巴、大巴各多少辆,才能使租费最少? 最少费用是多少元? 试建立该线性规划问题的数学模型.

解 由题意,设学校应租用中巴 x 辆、大巴 y 辆,才能使租费最少. 设此时的租费为 z 元. 由题设,知该线性规划问题的目标函数为

$$\min z=110x+250y.$$

约束条件为

$$\begin{cases}18x+40y\geqslant 188,\\0\leqslant x\leqslant 6, x\in\mathbf{N},\\0\leqslant y\leqslant 8, x\in\mathbf{N}.\end{cases}$$

例 2 为使联欢会上的气氛更有节日感,有人提出再做一个“中国结”,经研究发现做“中国结”需要甲、乙两种彩绳,并需将其截成 A、B、C 三种规格的彩绳段. 其中,每根甲种彩绳可同时截得 A 规格的彩绳段 2 根、B 规格的彩绳段 1 根、C 规格的彩绳段 1 根;每根乙种彩绳可同时截得 A 规格的彩绳段 1 根、B 规格的彩绳段 2 根、C 规格的彩绳段 3 根. 做一个“中国结”共需要 A 规格的彩绳段 15 根、B 规格的彩绳段 18 根、C 规格的彩绳段 27 根. 若甲种彩绳每根 8 元,乙种彩绳每根 6 元,问:应购买甲、乙两种彩绳各多少根,才能使花费最省? 试建立该线性规划问题的数学模型.

解 由题意,设应购买甲种彩绳 x 根、乙种彩绳 y 根,才能使花费最省. 设此时的花费为 z 元. 由题设,知该线性规划问题的目标函数为

$$\min z=8x+6y.$$

约束条件为

$$\begin{cases}2x+y\geqslant 15,\\x+2y\geqslant 18,\\x+3y\geqslant 27,\\x\in\mathbf{N}, y\in\mathbf{N}.\end{cases}$$

例 3 某电视台为改版后的某栏目播放两套宣传片,其中宣传片甲播映时间为 3 分 30 秒,广告时间为 30 秒,收视观众为 60 万;宣传片乙播映时间为 1 分钟,广告时间为 1 分钟,收视观众为 20 万. 广告公司规定每周至少有 3.5 分钟广告,而电视

台每周只能为该栏目宣传片提供不多于 16 分钟的节目时间. 电视台每周应播映两套宣传片各多少次,才能使得收视观众最多? 试建立该线性规划问题的数学模型.

解　由题意,设电视台每周应播映宣传片甲 x 次、宣传片乙 y 次,才能使得收视观众最多. 设此时的收视观众人数为 z 万. 由题设,知该线性规划问题的目标函数为

$$\max z=60x+20y.$$

约束条件为

$$\begin{cases}0.5x+y\geqslant 3.5,\\4x+2y\leqslant 16,\\x\in\mathbf{N},y\in\mathbf{N}.\end{cases}$$

例 4　某工厂用两种不同的原料均可生产同一产品,若采用甲种原料,每吨成本1 000元,运费 500 元,可得产品 90 千克;若采用乙种原料,每吨成本 1 500 元,运费 400 元,可得产品 100 千克. 如果每月原料的总成本不超过 6 000 元,运费不超过2 000元,那么此工厂每月最多可生产多少千克产品? 试建立该线性规划问题的数学模型.

解　由题意,设此工厂每月应用甲种原料 x 吨、乙种原料 y 吨,才能使得生产产品最多. 设此时可生产产品 z 千克. 由题设,知该线性规划问题的目标函数为

$$\max z=90x+100y.$$

约束条件为

$$\begin{cases}1\,000x+1\,500y\leqslant 6\,000,\\500x+400y\leqslant 2\,000,\\x\geqslant 0,y\geqslant 0.\end{cases}$$

例 5　某工程队要在商场内专修甲、乙两种铺位各若干个,已知装修一个铺位所需的人工数及装修材料的消耗如表 18-1 所示.

表 18-1　人工数及装修材料的消耗

铺位	一个甲种铺位	一个乙种铺位	现有数量
人工/小时	5	10	40
材料/单位	120	60	600

若装修一个甲种铺位可获利 2 万元,装修一个乙种铺位可获利 3 万元. 问:应如何安排装修计划,使商场获利最多? 试建立该线性规划问题的数学模型.

解　由题意,设该工程队应安排装修甲种铺位 x 个、乙种铺位 y 个,才能使商场获利最多. 设此时商场获利为 z 万元. 由题设,知该线性规划问题的目标函数为

$$\max z=2x+3y.$$

约束条件为

$$\begin{cases}5x+10y\leqslant 40,\\120x+60y\leqslant 600,\\x\in\mathbf{N},y\in\mathbf{N}.\end{cases}$$

课后练习

1. 下面不是线性规划问题的是（　　）.

A. $z=x+2y$,

$$\begin{cases}3x-2y\leqslant 2,\\x+y\leqslant 3,\\x,y\geqslant 0\end{cases}$$

B. $\max z=x_1+x_2+x_3$,

$$\begin{cases}x_1-2x_2+3x_3\geqslant 15,\\2x_1+4x_2-x_3\leqslant 25,\\x_1+3x_2-x_3\geqslant 10,\\x_1,x_2,x_3\geqslant 0\end{cases}$$

C. $\min z=3x+4y$,

$$\begin{cases}x+2y\geqslant 2,\\3x+4y\leqslant 6,\\x,y\geqslant 0\end{cases}$$

D. $\max z=2x_1-x_2+3x_3$,

$$\begin{cases}x_1-2x_2+x_3\geqslant 5,\\x_1+5x_2-2x_3\leqslant 20,\\x_1-4x_2+3x_3\geqslant 6,\\x_1,x_2,x_3\geqslant 0\end{cases}$$

2. 下面不是线性规划问题的是（　　）.

A. $\min z=x-y$,

$$\begin{cases}2x-y\geqslant 1,\\5x+y\leqslant 3,\\x,y\geqslant 0\end{cases}$$

B. $\max z=x_1+x_2+x_3$,

$$\begin{cases}3x_1-x_2+3x_3\geqslant 10,\\x_1+x_2-x_3\leqslant 30,\\2x_1+3x_2-x_3\geqslant 5,\\x_1,x_2,x_3\geqslant 0\end{cases}$$

C. $\min z=2x^2+3y$,

$$\begin{cases}3x+2y\geqslant 4,\\x+y\leqslant 2,\\x,y\geqslant 0\end{cases}$$

D. $\max z=x_1+x_2-2x_3$,

$$\begin{cases}x_1+2x_2-x_3\geqslant 10,\\2x_1+3x_2-4x_3\leqslant 30,\\x_1-x_2+3x_3\geqslant 5,\\x_1,x_2,x_3\geqslant 0\end{cases}$$

3. 下面是线性规划问题的是(　　).

A. $\max z=x-2y$,

$$\begin{cases}3x-2y\leqslant 2,\\ xy+y\leqslant 3,\\ x,y\geqslant 0\end{cases}$$

B. $\max z=x_1{}^2+x_2+x_3$,

$$\begin{cases}x_1-2x_2+3x_3\geqslant 15,\\ 2x_1+4x_2-x_3\leqslant 25,\\ x_1+3x_2-x_3\geqslant 10,\\ x_1,x_2,x_3\geqslant 0\end{cases}$$

C. $z=3x+4y$,

$$\begin{cases}x+2y\geqslant 2,\\ 3x+4y\leqslant 6,\\ x,y\geqslant 0\end{cases}$$

D. $\max z=2x_1-x_2+3x_3$,

$$\begin{cases}x_1-2x_2+x_3\geqslant 5,\\ x_1+5x_2-2x_3\leqslant 20,\\ x_1-4x_2+3x_3\geqslant 6,\\ x_1,x_2,x_3\geqslant 0\end{cases}$$

4. 线性规划问题由____________、____________、____________构成.

5. 在约束条件下求目标函数的__________或__________的问题叫作线性规划问题.

6. 有两种农作物(大米和小麦),可用轮船和飞机两种方式运输,每天每艘轮船和每架飞机的运输量如表 18-2 所示. 在一天内如何安排,才能合理完成运输 2 000 吨小麦和 1 500 吨大米的任务? 试建立该线性规划问题的数学模型.

表 18-2　轮船和飞机的运输量

农作物	轮船/艘	飞机/架
小麦/吨	300	150
大米/吨	250	100

7. 某汽车公司有两家装配厂，生产甲、乙两种不同型号的汽车. A 厂 1 小时可生产 1 辆甲型车和 2 辆乙型车；B 厂一小时可生产 3 辆甲型车和 1 辆乙型车. 今至少要生产 40 辆甲型车和 20 辆乙型车. 问：这两家工厂各生产多长时间，才能使所有的总工时数最少？试确定该线性规划问题的约束条件，并建立该线性规划问题的数学模型.

8. 某运输公司接受了向抗洪救灾地区每天运送至少 180 吨支援物资的任务. 该公司有 8 辆载重 6 吨的 A 型卡车与 4 辆载重 10 吨的 B 型卡车，有 10 名驾驶员，每辆卡车每天往返的次数为 A 型卡车 4 次，B 型卡车 3 次；每辆卡车每天往返的成本 A 型卡车为 320 元，B 型卡车为 504 元. 该公司应如何调配车辆，才能使公司所花的成本最低？试建立该线性规划问题的数学模型. 若只安排 A 型卡车或 B 型卡车，所花的成本分别是多少？

18.2　二元线性规划问题的图解法

知识梳理

1. 三分天下

三分天下是指直线将平面直角坐标系分成三部分. 如图 18-1 所示，直线 $2x+3y-6=0$ 将平面分为三部分.

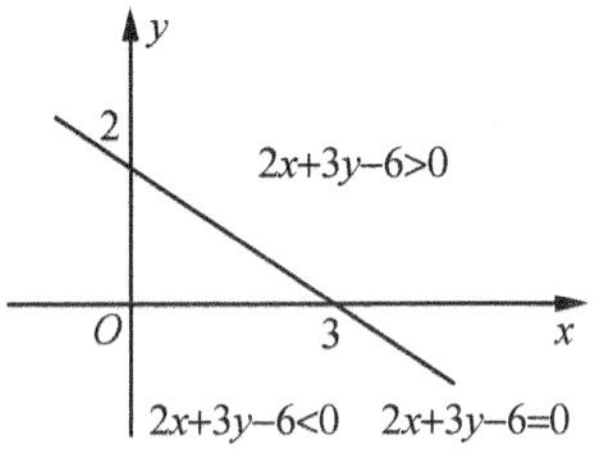

图 18-1

(1) 点在直线 $2x+3y-6=0$ 上：$2x+3y-6=0$.

(2) 点在直线 $2x+3y-6=0$ 右上方的平面区域：$2x+3y-6>0$.

① 点在直线 $2x+3y-6=0$ 右侧的平面区域：$2x>-3y+6$.

② 点在直线 $2x+3y-6=0$ 上方的平面区域：$3y>-2x+6$.

(3) 点在直线 $2x+3y-6=0$ 左下方的平面区域：$2x+3y-6<0$.

① 点在直线 $2x+3y-6=0$ 左侧的平面区域：$2x<-3y+6$.

② 点在直线 $2x+3y-6=0$ 下方的平面区域：$3y<-2x+6$.

2. 同侧同号、异侧异号

(1) 处于直线 $Ax+By+C=0$（A，B 不全为 0）同一侧的任意两点 $P(x_1, y_1)$，$Q(x_2, y_2)$满足相同的不等式 $Ax+By+C>0$ 或 $Ax+By+C<0$，视具体情况而定.

(2) 处于直线 $Ax+By+C=0$（A，B 不全为 0）一侧的任意一点 $P(x_1, y_1)$，若有

$$Ax_1+By_1+C>0,$$

则对处于直线 $Ax+By+C=0$（A，B 不全为 0）另一侧的任意一点 $Q(x_2,y_2)$，必有

$$Ax_2+By_2+C<0.$$

如图 18-2 所示.

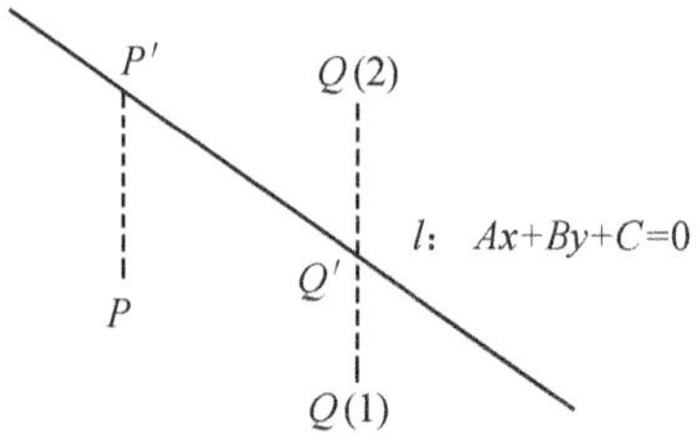

图 18-2

说明：点 P 与 $Q(1)$ 位于直线 l 的同侧，点 P' 与 $Q(2)$ 位于直线 l 的异侧.

3. 画二元一次不等式 $Ax+By+C>0$（或 $\geqslant$，$<$，$\leqslant$）所表示的平面区域的两种方法

（1）四方位法.

如对一元二次不等式 $2x+3y-6<0$，可将其转化为

$$x<-\frac{3}{2}y+3 \text{ 或 } y<-\frac{2}{3}x+2.$$

由 $x<-\frac{3}{2}y+3$ 知此区域位于 $2x+3y-6=0$ 的左侧，由 $y<-\frac{2}{3}x+2$ 知此区域位于 $2x+3y-6=0$ 的下方，故此区域位于 $2x+3y-6=0$ 的左下方，如图 18-3 所示.

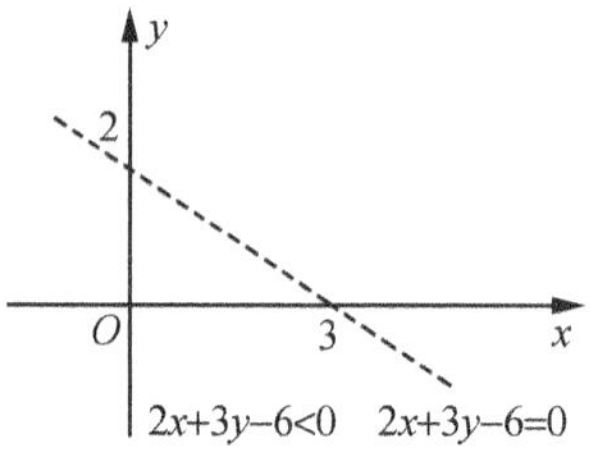

图 18-3

（2）代入法.

由同侧同号知位于直线某一侧的某一个点的坐标，代入直线方程左侧之后的符号与同一侧的其余各点相同，与另一侧的任意一点相反. 通常代入整数点或坐标原点，如将坐标原点代入，有

$$2\times0+3\times0-6<0,$$

同样可得. 注意，若符合不等式 $2x+3y-6<0$，则点在该不等式表示的平面区域内；若不符合不等式 $2x+3y-6<0$，则点不在该不等式表示的平面区域内. 若代入坐标原点，需 $C\neq0$.

4. 画二元一次不等式或二元一次不等式组所表示的平面区域

(1) 虚实(直线):包含等号的画实线,不含等号的画虚线.

(2) 阴影(斜纹).

5. 可行域、可行解、最优解

(1) 称约束条件所表示的平面区域为可行域.

(2) 称满足线性规划问题约束条件的解为可行解.

(3) 称可行域中使得目标函数取得最大值或最小值的解为最优解.

6. 二元线性规划问题

二元线性规划问题是指只有两个决策变量(x,y 或 x_1,x_2)的线性规划问题.

7. 图解法

用图解的方法可得到二元线性规划问题最优解的方法(数形结合).

8. 八部天龙(图解二元线性规划问题的八个步骤)

现以一题为例,详细介绍图解法的八个步骤.

(2016.22)　某农场主计划种植辣椒和黄瓜,面积不超过 42 亩,投入资金不超过 30 万元,表 18-3 给出了种植两种蔬菜的产量、成本和售价数据.

表 18-3　种植两种蔬菜的产量、成本和售价

品种	产量/亩	种植成本/亩	每吨售价
辣椒	2 吨	0.6 万元	0.7 万元
黄瓜	4 吨	1.0 万元	0.475 万元

问:辣椒和黄瓜的种植面积分别为多少亩时,所获得的总利润(总利润=总销售收入-总种植成本)最大? 并求最大利润(单位:万元).

解　(1) 设(决策变量和目标变量).

由题意,设辣椒的种植面积为 x 亩、黄瓜的种植面积为 y 亩,此时所获得的总利润为 z 万元.

(2) 列(目标函数和约束条件).

由题设,知目标函数为

$$\max z=(2\times0.7-0.6)x+(4\times0.475-1.0)y$$

$$=0.8x+0.9y.$$

约束条件为

$$\begin{cases}x+y\leqslant 42,\\0.6x+y\leqslant 30,\\x,y\geqslant 0.\end{cases}$$

(3) 画(可行域)，如图 18-4 所示.

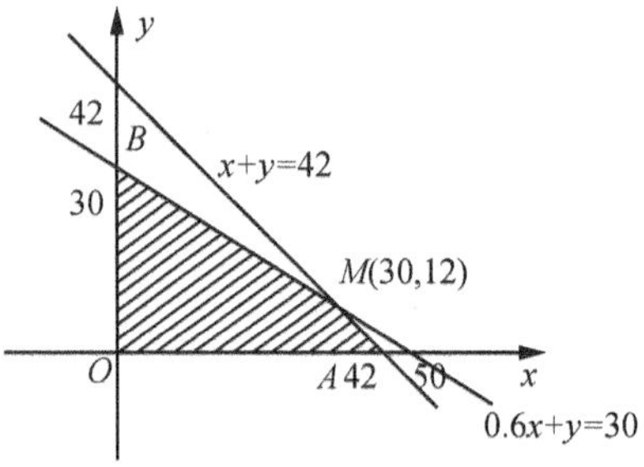

图 18-4

精确作直线的技巧：

① 与坐标轴的交点.

② 不在坐标轴上的整数点. 下面举两个例子简单说明，如直线

$$3x+2y=22$$

上的整数点(6,2)；再如直线 $6x+5y=40$ 上的整数点(5,2). 主要是凑整的过程.

③ 相交直线的交点.

本题中，可行域为四边形 $OAMB$，由四条直线围成：

$$x=0, y=0, x+y=42, 0.6x+y=30,$$

有四个顶点，分别是(0,0)，(42,0)，(30,12)，(0,30).

注意：最值通常在可行域的顶点或边界处取得. 对于决策变量要求取整的情况，最值往往会出现在可行域中靠近理论最优解九宫格整数点甚至是十六宫格整数点处. 所谓九宫格整数点，是指将理论最优解包含其中的中、上、下、左、右、左上、右上、左下、右下九个方位的整数点.

(4) 定(等值线).

通常定过原点的等值线(z 的值相等)，亦即目标函数值等于 0 的直线(初始目标函数).

对于目标函数 $z=0.8x+0.9y$，以 x 为自变量，y 为因变量，其斜截式方程是

$$l: y=-\frac{8}{9}x+\frac{10}{9}z,$$

其表示一组斜率均为 $k=-\frac{8}{9}$ 的平行直线，其纵截距是 $b=\frac{10}{9}z$.

其初始目标函数为

$$0.8x+0.9y=0(z=0),$$

亦即 $y=-\frac{8}{9}x$.

精确作初始目标函数的技巧，如本题中的 $y=-\frac{8}{9}x$.

精确作初始目标函数的精髓是准确理解直线的斜率：$k=-\frac{8}{9}=\frac{8}{-9}$（第二象限）.

说明：此操作为极为重要的辅助性操作，在坐标比例上没有必要与右侧（第一象限）的坐标比例相同，且在作出初始目标函数之后可将辅助的两个点和两条线擦除.

作图，如图 18-5 所示.

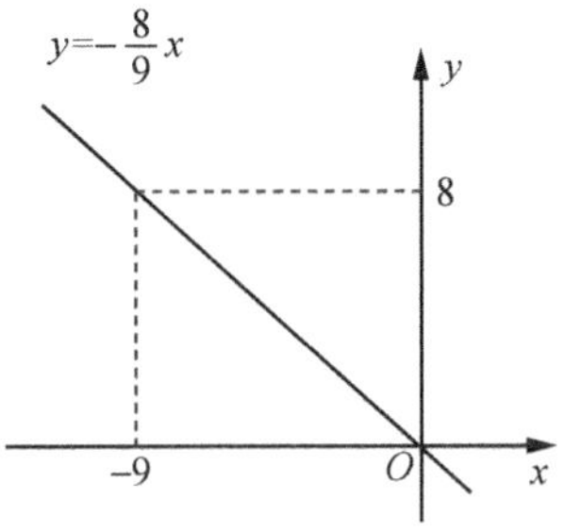

图 18-5

(5) 移（初始目标函数）.

在可行域内移动初始目标函数，易知当直线 l 过点 $M(30,12)$ 时，其纵截距 $b=\frac{10}{9}z$ 最大，亦即 z 最大，此即为所求.

据此，作图，如图 18-6 所示.

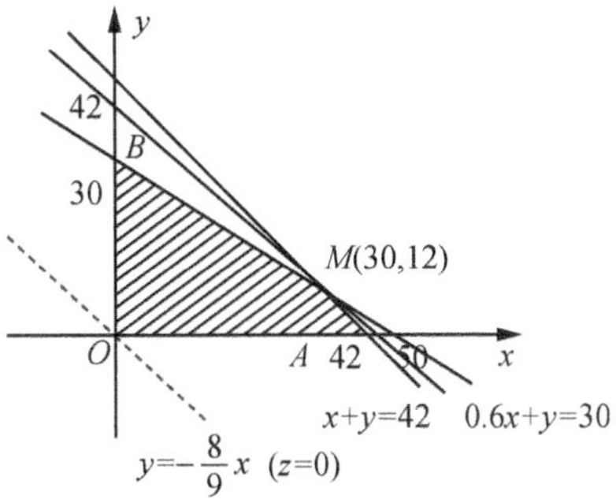

图 18-6

（6）解（最优解）.

联立方程组：

$$\begin{cases}x+y=42,\\0.6x+y=30.\end{cases}$$

解之，得 $x=30$，$y=12$，故点 M 的坐标是(30，12).

（7）代（最优解代入目标函数）.

将点 $M(30,12)$ 代入目标函数 $z=0.8x+0.9y$，得

$$z_{\max}=0.8\times30+0.9\times12=34.8.$$

（8）答.

当辣椒的种植面积是 30 亩、黄瓜的种植面积是 12 亩时，所获得的总利润最大，且最大总利润是 34.8 万元.

9. 等值线的移动

对于目标函数 $z=Ax+By(A>0)$，下面分两种情形讨论.

（1）当 $B>0$ 时，方程 $z=Ax+By$（等值线）表示一条直线，当 z 取不同的值时，以 x 为自变量，y 为因变量，能得到一组平行直线：

$$l: y=-\frac{A}{B}x+\frac{z}{B},$$

其表示一组斜率均为 $k=-\frac{A}{B}(<0)$ 的平行直线，其纵截距分别是 $b=\frac{z}{B}$. 据此，作图，如图 18-7 所示.

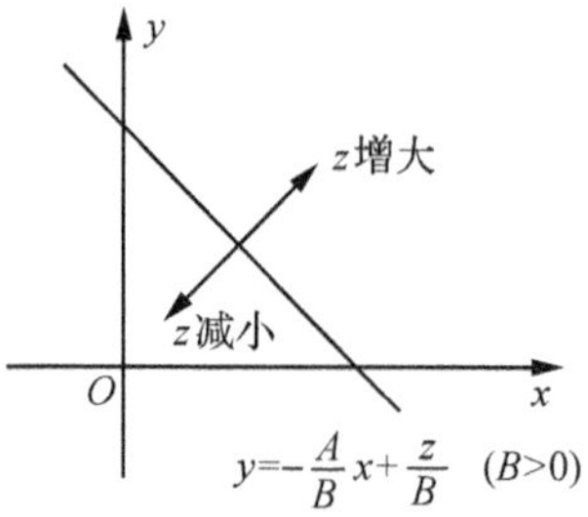

图 18-7

易知，当直线 $y=-\frac{A}{B}x+\frac{z}{B}(B>0)$ 向右上方平移时，直线上相应点的横坐标 x 与纵坐标 y 也随之增大，所对应 z 的值也随之增大（右和上分别为 x 和 y 的正方向）；当直线 $y=-\frac{A}{B}x+\frac{z}{B}(B>0)$ 向左下方平移时，直线上相应点的横坐标 x 与纵坐标 y 也随之减小，所对应 z 的值也随之减小（左和下分别为 x 和 y 的负方向）.

（2）当 $B<0$ 时，方程 $z=Ax+By$（等值线）表示一条直线，当 z 取不同的值时，

以 x 为自变量，y 为因变量，能得到一组平行直线：

$$l: y=-\frac{A}{B}x+\frac{z}{B},$$

其表示一组斜率均为 $k=-\frac{A}{B}(>0)$ 的平行直线，其纵截距分别是 $b=\frac{z}{B}$. 据此，作图，如图 18-8 所示.

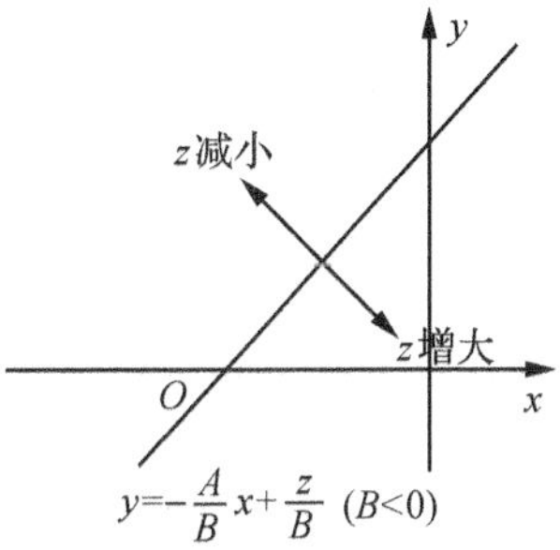

图 18-8

易知，当直线 $y=-\frac{A}{B}x+\frac{z}{B}(B<0)$ 向右下方平移时，直线上相应点的横坐标 x 随之增大，纵坐标 y 随之减小，所对应 z 的值也随之增大（右和下分别为 x 的正方向和 y 的负方向）；当直线 $y=-\frac{A}{B}x+\frac{z}{B}(B<0)$ 向左上方平移时，直线上相应点的横坐标 x 随之减小，纵坐标 y 随之增大，所对应 z 的值也随之减小（左和上分别为 x 的负方向和 y 的正方向）.

10. 二最解法

如对目标函数 $z=Ax+By(A>0, B>0)$，若可行域中存在一个处于最右上方的点，将其代入目标函数，所得值最大. 同样地，若可行域中存在一个处于最左下方的点，将其代入目标函数，所得值最小. 对 $A>0, B<0$ 和 $A<0, B>0$ 及 $A<0, B<0$，也可得出相应的结论.

备注：一般情况下，对目标函数 $z=Ax+By(A>0, B>0)$，可行域中处于最右侧的点未必是处于最上方的点，处于最上方的点也未必是处于最右侧的点，这也是本方法的局限性.

11. 直线系方程

(1) 定义：具有某种共同特征（过某定点、共某斜率等）的直线的集合，称为直线系，其方程称为直线系方程.

(2) 特征：直线系方程是含参数的二元一次方程.

(3) 几种常见的直线系方程.

① 与已知直线 $Ax+By+C=0$(A,B 不全为 0)平行的直线系方程：

$$Ax+By+D=0.(D\neq C)$$

② 与已知直线 $Ax+By+C=0$(A,B 不全为 0)垂直的直线系方程：

$$Bx-Ay+D=0.$$

③ 过某定点 $P(x_0,y_0)$的直线系方程：

$$y-y_0=k(x-x_0)\text{ 和 }x=x_0.$$

④ 过某定点 $Q(0,b)$的直线系方程：

$$y=kx+b\text{ 和 }x=0.$$

⑤ 斜率均为 k 的直线系方程：$y=kx+b$.

⑥ 过直线 $l_1:A_1x+B_1y+C_1=0$ 和 $l_2:A_2x+B_2y+C_2=0$ 交点的直线系方程：

$$A_1x+B_1y+C_1+\lambda(A_2x+B_2y+C_2)=0\text{ 和 }A_2x+B_2y+C_2=0$$

或

$$\lambda_1(A_1x+B_1y+C_1)+\lambda_2(A_2x+B_2y+C_2)=0(\lambda_1,\lambda_2\text{不全为 }0).$$

例题讲解

例 1 试确定实数 m 的取值范围，使点 $A(1,2)$和 $B(1,1)$同在直线 $3x-y+m=0$ 的同一侧.

解 由题设，将点 $A(1,2)$代入题设直线方程的左侧，得

$$3\times1-2+m=m+1.$$

将点 $B(1,1)$代入题设直线方程的左侧，得

$$3\times1-1+m=m+2.$$

由点 A、B 位于题设直线的同侧，知

$$(m+1)\cdot(m+2)>0.$$

解之，得 $m<-2$ 或 $m>-1$，故 m 的取值范围是$(-\infty,-2)\cup(-1,+\infty)$.

例 2 试确定实数 m 的取值范围，使直线 $3x-y+m=0$ 与点 $A(1,2)$和 $B(1,1)$所确定的线段相交.

简析：由题设，知分两种情形.

情形一：直线 $3x-y+m=0$ 过点 A 或 B(即 $m+1=0$ 或 $m+2=0$).

情形二：点 A、B 位于直线 $3x-y+m=0$ 的异侧(即 $m+1>0,m+2<0$ 或 $m+1<0,m+2>0$).

作图，如图 18-9 所示.

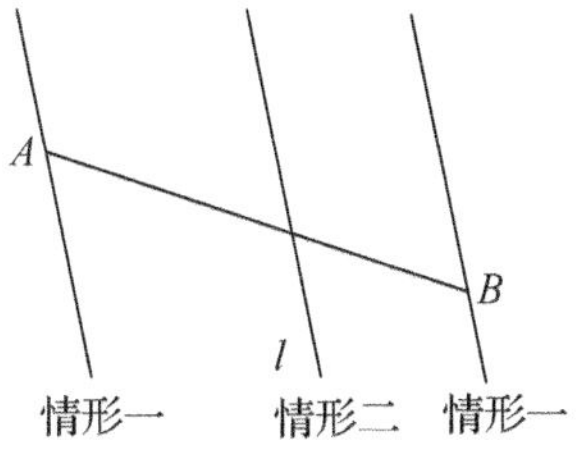

图 18-9

需要说明的是，此类作图，无须苛求点 A,B 的位置关系或直线 l 的倾斜程度等.

解　由题设，将点 $A(1,2)$ 代入题设直线方程的左侧，得

$$3\times1-2+m=m+1.$$

将点 $B(1,1)$ 代入题设直线方程的左侧，得

$$3\times1-1+m=m+2.$$

由题设，知直线与点 A,B 所确定的线段相交，知

$$(m+1)\cdot(m+2)\leqslant0.$$

解之，得 $-2\leqslant m\leqslant-1$，故 m 的取值范围是 $[-2,-1]$.

例 3(2020.22)　某运输公司在疫情期间接到运送物资的任务. 该公司现有 9 辆载重为 8 吨的甲型卡车和 6 辆载重为 10 吨的乙型卡车，共有 12 名驾驶员，要求该公司每天至少运送 640 吨物资. 已知每辆甲型卡车每天往返的次数为 12 次，每辆乙型卡车每天往返的次数为 8 次. 若每辆卡车每天所需成本为甲型卡车 240 元、乙型卡车 360 元. 问每天派出甲型卡车和乙型卡车各多少辆时，运输公司所花成本最少？并求最小成本.

解　由题意，设每天派出甲型卡车 x 辆、乙型卡车 y 辆时，运输公司所花成本最少. 设此时的最小成本为 z 元. 由题设，知该线性规划问题的目标函数为

$$\min z=240x+360y.$$

约束条件为

$$\begin{cases}96x+80y\geqslant640,\\x+y\leqslant12,\\0\leqslant x\leqslant9,x\in\mathbf{N},\\0\leqslant y\leqslant6,y\in\mathbf{N}.\end{cases}$$

对于目标函数 $z=240x+360y$，以 x 为自变量，y 为因变量，其斜截式方程是

$$l:y=-\frac{2}{3}x+\frac{z}{360}.$$

其表示一组斜率均为 $k=-\frac{2}{3}$ 的平行直线，其纵截距分别是 $b=\frac{z}{360}$.

其初始目标函数为

$$240x+360y=0(z=0).$$

亦即 $y=-\frac{2}{3}x$. 据此，作图，如图 18-10 所示.

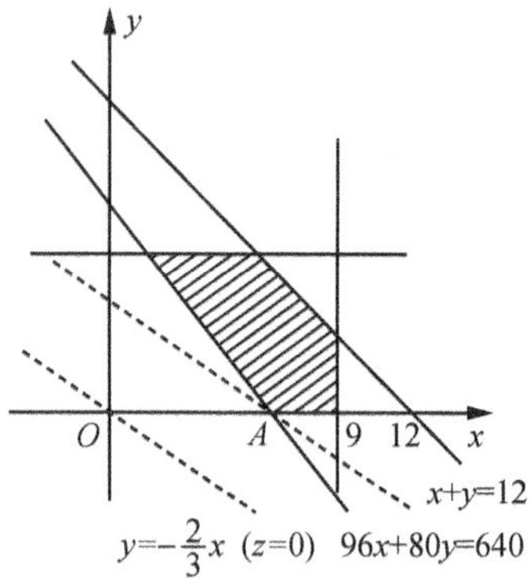

图 18-10

在可行域内移动初始目标函数，易知当直线 l 过点 $A\left(\frac{20}{3},0\right)$时，其纵截距 $b=\frac{z}{360}$最小，亦即 z 最小，此即为该线性规划问题的理论最优解. 其附近的三个整数点分别为(5,2)，(6,1)，(7,0)，依次将其代入目标函数，有

$$240\times5+360\times2=1\ 920,$$

$$240\times6+360\times1=1\ 800,$$

$$240\times7+360\times0=1\ 680.$$

两相比较，知当每天派出甲型卡车 7 辆时，运输公司所花成本最少，且最小成本为1 680元.

例 4 当 a 取不同的实数时，直线 $(a-1)x-y+2a+1=0$ 恒过定点，求此定点的坐标.

解 由题设，知

$$(a-1)x-y+2a+1=a(x+2)-x-y+1=0,$$

其是交点直线系方程. 联立方程组，有

$$\begin{cases}x+2=0,\\-x-y+1=0.\end{cases}$$

解之，得 $x=-2$，$y=3$，故此定点的坐标为(−2,3).

备注：恒过定点问题等同于恒成立问题. 若使等式

$$(a-1)x-y+2a+1=a(x+2)-x-y+1=0$$

恒成立，需 $x+2=-x-y+1=0(0\cdot a+0\equiv0)$.

检验：取 $a=1$，直线方程为 $y=3$. 取 $a=0$，直线方程为 $x+y-1=0$. 联立方程组，有

$$\begin{cases} y=3, \\ x+y-1=0. \end{cases}$$

解之，得 $x=-2$，$y=3$，故此定点的坐标为$(-2,3)$.

课后练习

1. 已知点$(3,1)$和点$(-4,6)$在直线 $3x-2y+a-0$ 的两侧，则实数 a 的取值范围是(　　).

A. $a<-7$ 或 $a>24$　　B. $a=7$ 或 $a=24$

C. $-7<a<24$　　D. $-24<a<7$

2. 已知 x,y 满足约束条件 $\begin{cases} x-y+5\geqslant 0, \\ x+y\geqslant 0, \\ x\leqslant 3, \end{cases}$ 则 $z=2x+4y$ 的最小值为(　　).

A. 5　　B. -6　　C. 10　　D. -10

3. 某电脑用户计划使用不超过 500 元的资金购买单价分别为 60 元、70 元的单片软件和盒装磁盘，根据需要，软件至少买 3 片，磁盘至少买 2 盒，则不同的选购方式的种数为(　　).

A. 5　　B. 6　　C. 7　　D. 8

4. 若变量 x,y 满足约束条件 $\begin{cases} 3x-y\leqslant 0, \\ x-3y+5\geqslant 0, \end{cases}$ 则 $z=x+y$ 的最大值为__________.

5. 若变量 x,y 满足约束条件 $\begin{cases} x\leqslant 2, \\ y\leqslant 2, \\ x+y\geqslant 2, \end{cases}$ 则 $z=x+2y$ 的取值范围为__________.

6. (2017.21)　某企业生产甲、乙两种产品，已知生产每吨甲产品需投资 5 万元，且要用 A 原料 2 吨、B 原料 3 吨；生产每吨乙产品需投资 3 万元，且要用 A 原料 1 吨、B 原料 2 吨. 每吨甲产品售价 14 万元，每吨乙产品售价 8 万元. 该企业在一个生产周期内，投资不超过 34 万元，消耗 A 原料不超过 13 吨、B 原料不超过 22 吨，且生产的产品均可售出. 问：在一个生产周期内生产甲、乙产品各多少吨时可获得最大利润，最大利润是多少？

7.（2018.21） 某学校计划购买 x 个篮球和 y 个足球.

（1）若 x,y 满足约束条件 $\begin{cases}2x-y\geqslant 5,\\ x-y\leqslant 2,\\ x\leqslant 7,\end{cases}$ 问该校计划购买这两种球的总数最多是多少个？

（2）若 x,y 满足约束条件 $\begin{cases}2x-y>5,\\ x-y<2,\\ x<7,\end{cases}$ 已知每个篮球 100 元，每个足球 70 元，问该校最少要投入多少元？

8.（2019.22）　某房产开发商年初计划开展住宅和商铺出租业务. 每套住宅的平均面积为 80 m^2，每套商铺的平均面积为 60 m^2，出租住宅每平方米的年利润是 30 元，出租商铺每平方米的年利润是 50 元. 政策规定：出租商铺的面积不能超过出租住宅的面积，且出租的总面积不能超过 48 000 m^2. 若当年住宅和商铺的最大需求量分别为 450 套和 600 套，且开发的住宅和商铺全部租空，问房产开发商出租住宅和商铺各多少套，可使年利润最大？并求最大年利润.

18.3 用表格法解线性规划问题

知识梳理

1. 线性规划问题数学模型的标准形式

目标函数：$\max z=c_1x_1+c_2x_2+\cdots+c_nx_n$.

约束条件：

$$\begin{cases}a_{11}x_1+a_{12}x_2+\cdots+a_{1n}x_n=b_1,\\a_{21}x_1+a_{22}x_2+\cdots+a_{2n}x_n=b_2,\\\cdots\cdots\\a_{m1}x_1+a_{m2}x_2+\cdots+a_{mn}x_n=b_m,\\x_1,x_2,\cdots,x_n\geqslant 0.\end{cases}$$

其中，$b_i\geqslant 0(i=1,2,\cdots,m)$.

2. 线性规划问题数学模型标准形式的特点

(1) 目标函数为最大值形式.

(2) 约束条件用等式表示，且等式右边的常数为非负数.

(3) 决策变量非负.

3. 线性规划问题一般形式化为标准问题的方法

(1) 对于目标函数，如果 $\min z=c_1x_1+c_2x_2+\cdots+c_nx_n$，令 $z'=-z$，得

$$\max\{z'=-(c_1x_1+c_2x_2+\cdots+c_nx_n)\}.$$

(2) 对于约束条件，下面分两个步骤说明.

① 如果 $b_i<0$，则在不等式(或等式)两边同乘以“-1”. 例如：

$$5x-3y\geqslant -11,$$

可通过此种方式转化为 $-5x+3y\leqslant 11$.

② 在 $b_i\geqslant 0$ 的前提之下，对于约束条件中的不等式，如果是“$\leqslant$”，则在左端加

上一个非负变量，使其成为等式；如果是“≥”，则在左端减去一个非负变量，使其成为等式.

4. 几点说明

(1) 标准形式中的约束条件称为约束方程(去除体现决策变量非负的不等式).

(2) 添加的非负决策变量称为人工变量.

(3) 人工变量在目标函数中的系数为零.

(4) 人工变量不会影响最优解的准确性，不会产生效益.

(5) 添加人工变量的个数等于约束条件中的不等式的个数(去除体现决策变量非负的不等式).

(6) 源于人工变量的添加，原有决策变量重新编号，如 x，y 用 x_1，x_2 取代.

例题讲解

例 1　将下列线性规划问题

$$\max z=2x+y,$$

$$\begin{cases}2x+y\leqslant 1,\\3x+4y\geqslant 2,\\x\geqslant 0,\\y\geqslant 0\end{cases}$$

化为标准形式.

解　由题设，用变量 x_1，x_2 分别取代 x，y，并在约束条件中分别加入人工变量 x_3，x_4，得标准形式如下：

$$\max z'=2x_1+x_2+0\cdot x_3+0\cdot x_4,$$

$$\begin{cases}2x_1+x_2+x_3=1,\\3x_1+4x_2-x_4=2,\\x_1,x_2,x_3,x_4\geqslant 0.\end{cases}$$

例 2　将下列线性规划问题

$$\min z=4x+2y,$$

$$\begin{cases}x+y\leqslant 3,\\3x+y\leqslant 7,\\x\geqslant 0,\\y\geqslant 0\end{cases}$$

化为标准形式.

解 由题设，用变量 x_1，x_2 分别取代 x，y，且令 $z'=-z$，并在约束条件中分别加入人工变量 x_3，x_4，得标准形式如下：

$$\max z'=-4x_1-2x_2+0\cdot x_3+0\cdot x_4,$$

$$\begin{cases}x_1+x_2+x_3=3,\\3x_1+x_2+x_4=7,\\x_1,x_2,x_3,x_4\geqslant 0.\end{cases}$$

例 3 将下列线性规划问题

$$\min z=4x+2y,$$

$$\begin{cases}x+y\leqslant 3,\\5x-3y\geqslant -11,\\x\geqslant 0,\\y\geqslant 0\end{cases}$$

化为标准形式.

解 由题设，用变量 x_1，x_2 分别取代 x，y，且令 $z'=-z$，并在约束条件中分别加入人工变量 x_3，x_4，得标准形式如下：

$$\max z'=-4x_1-2x_2+0\cdot x_3+0\cdot x_4,$$

$$\begin{cases}x_1+x_2+x_3=3,\\-5x_1+3x_2+x_4=11,\\x_1,x_2,x_3,x_4\geqslant 0.\end{cases}$$

课后练习

1. 下列线性规划问题为标准形式的是（　　）.

A. $\min z=x_1-x_2+0\cdot x_3+0\cdot x_4$，

$$\begin{cases}2x_1-x_2-x_3=1,\\5x_1+x_2+x_4=3,\\x_1,x_2,x_3,x_4\geqslant 0\end{cases}$$

B. $\max z=2x_1-x_2+0\cdot x_3+0\cdot x_4+0\cdot x_5$，

$$\begin{cases}3x_1-x_2+x_3=10,\\x_1+x_2-4x_4=30,\\2x_1+3x_2-x_5=5,\\x_1,x_2,x_3,x_4,x_5\geqslant 0\end{cases}$$

C. $\max z=2x_1+3x_2+0\cdot x_3+0\cdot x_4$,

$$\begin{cases}3x_1+2x_2-x_3=4,\\ x_1+x_2+x_4=-3,\\ x_1,x_2,x_3,x_4\geqslant 0\end{cases}$$

D. $\max z=x_1+x_2+0\cdot x_3+0\cdot x_4$,

$$\begin{cases}x_1+2x_2-x_3=10,\\ 2x_1+3x_2+x_4\geqslant 30,\\ x_1,x_2,x_3,x_4\geqslant 0\end{cases}$$

2. 将线性规划问题 $\max z=3x+4y$，$\begin{cases}x+2y\geqslant 2,\\ 3x+4y\leqslant 6,\\ x,y\geqslant 0\end{cases}$，化为标准形式时，需要添加的人工变量的个数为(　　).

A. 0　　　　B. 1　　　　C. 2　　　　D. 3

3. 将下列线性规划问题化为标准形式：

(1) $\max z=3x+4y$,

$$\begin{cases}x+2y\geqslant 2,\\ 3x+4y\leqslant 6,\\ x,y\geqslant 0.\end{cases}$$

(2) $\min z=-2x+y$,

$$\begin{cases}4x+y\leqslant 10,\\ x-5y\leqslant 6,\\ x,y\geqslant 0.\end{cases}$$

(3) $\max z=4x+2y$,

$$\begin{cases}x+y\leqslant 3,\\ 3x+y\leqslant 7,\\ x,y\geqslant 0.\end{cases}$$

(4) $\min z=x-y$,

$$\begin{cases}x-y\leqslant 3,\\ x+y\geqslant -7,\\ x,y\geqslant 0.\end{cases}$$

测试卷

(满分为150分,时间为120分钟)

一、单项选择题(本大题共10小题,每小题4分,共40分. 在下列每小题中,选出一个正确答案)

1. 直线 $y=3x-1$ 右侧的点 (x,y) 满足(　　).

A. $b<3a-1$　　B. $b>3a-1$　　C. $b\leqslant 3a-1$　　D. $b\geqslant 3a-1$

2. 不等式 $x+4y-9\geqslant 0$ 表示直线 $x+4y-9=0$(　　).

A. 上方的平面区域　　B. 上方的平面区域(包括直线)

C. 下方的平面区域　　D. 下方的平面区域(包括直线)

3. 下面四个命题:

① 点(0,0)在平面区域 $x+y\geqslant 0$ 内;

② 点(0,0)在平面区域 $x+y+1<0$ 内;

③ 点(1,0)在平面区域 $y>2x$ 内;

④ 点(0,1)在平面区域 $x-y+1>0$ 内.

其中,正确命题的个数是(　　).

A. 0　　B. 1　　C. 2　　D. 3

4. 不等式 $|x|+|y|<3$ 表示的平面区域内的整点有(　　).

A. 10个　　B. 13个　　C. 17个　　D. 25个

5. 下列各点中,不在 $3x+2y-6<0$ 表示的平面区域内的为(　　).

A. (2,0)　　B. (0,2)　　C. (0,0)　　D. (1,1)

6. 不等式 $x-2y+6>0$ 表示的平面区域在 $x-2y+6=0$ 的(　　).

A. 右上方　　B. 右下方　　C. 左上方　　D. 左下方

7. 若点 $A(a,b)$ 与点 $B(0,2)$ 在直线 $m:x+y-5=0$ 的同侧,则(　　).

A. $a+b>5$　　B. $a+b<5$　　C. $a+b>0$　　D. $a+b<0$

8. 某公司招收男职员 x 名、女职员 y 名,x 和 y 满足 $\begin{cases}5x-11y\geqslant -22,\\ 2x+3y\geqslant 9,\\ 2x\leqslant 11,\end{cases}$ 则 $z=$

$x+y$ 的最大值是(　　).

A. 8　　B. 8.5　　C. 9　　D. 9.5

9. 若 x,y 均为非负整数,则满足 $x+y\leqslant 5$ 的点 (x,y) 共有(　　).

A. 22 个　　B. 21 个　　C. 20 个　　D. 19 个

10. 已知目标函数 $z=2x+y$,且 x 和 y 满足 $\begin{cases}x-4y\leqslant -3,\\3x+5y<25,\\x\geqslant 1,\end{cases}$ 则(　　).

A. 最大值是 12,最小值是 3　　B. 最大值是 12,无最小值

C. 无最大值,最小值是 3　　D. 无最大值,也无最小值

二、填空题(本大题共 5 小题,每小题 4 分,共 20 分)

11. 点 $(-2,a)$ 在直线 $2x-3y+6=0$ 的上方,则实数 a 的取值范围是__________.

12. 点 P 的纵坐标是 3,点 P 到直线 $4x-3y+1=0$ 的距离等于 4,且在不等式 $2x+y<3$ 表示的平面区域内,则 P 点坐标是__________.

13. 若 x,y 满足 $\begin{cases}x-y\leqslant 0,\\x+y\leqslant 1,\\x\geqslant 0,\end{cases}$ 则 $z=x+2y$ 的最大值为__________.

14. 若直线 $y=2x$ 上存在点 (x,y) 满足约束条件 $\begin{cases}x+y-3\leqslant 0,\\x-2y-3\leqslant 0,\\x\geqslant m,\end{cases}$ 则实数 m 的最大值为__________.

15. 若实数 x,y 满足约束条件 $\begin{cases}x-1\geqslant 0,\\x-y\leqslant 0,\\x+y-4\leqslant 0,\end{cases}$ 则代数式 $\dfrac{y}{x}$ 的最大值为__________.

三、解答题(本大题共 8 小题,共 90 分)

16. (本题满分 8 分)在平面直角坐标系中,求不等式组 $\begin{cases}x-y+2\geqslant 0,\\x+y-2\geqslant 0,\\x\leqslant 2\end{cases}$ 表示的平面区域的面积.

17. (本题满分 10 分)求不等式组$\begin{cases}3x-2y-2>0,\\x+4y+4>0,\\2x+y-6<0\end{cases}$表示的平面区域内的整点坐标(横、纵坐标均为整数).

18. (本题满分 12 分)若实数 x,y 满足 $\begin{cases}2x-y\geqslant 0,\\ y\geqslant x,\\ y\geqslant -x+b,\end{cases}$ 且 $z=2x+y$ 的最小值为 4,求实数 b 的值.

19. (本题满分 12 分)设变量 x,y 满足约束条件 $\begin{cases}x+y\leqslant a,\\ x+y\geqslant 8,\\ x\geqslant 6,\end{cases}$ 且不等式 $x+2y\leqslant 14$ 恒成立,求实数 a 的取值范围.

20.（本题满分 10 分）已知 x,y 满足约束条件 $\begin{cases}2x+y\leqslant 3,\\ x+2y\geqslant 3,\\ x,y>0,\end{cases}$ 试求让目标函数 $z=x+y$ 取得最大值的点的坐标.

21.（本题满分 14 分）某人有楼房一幢，室内面积共 180 m^2，拟分隔成两类房间作为旅游客房. 大房间每间面积 18 m^2，可住游客 5 名，每名游客每天住宿费为 40 元；小房间每间面积 15 m^2，可住游客 3 名，每名游客每天住宿费为 50 元. 装修大房间每间需 1 000 元，装修小房间每间需 600 元，如果他只筹到 8 000 元用于装修，且游客能住满客房，他隔出大小房间各多少间能获得最大收益？

22.（本题满分10分）已知点$(-3,-1)$和点$(4,-6)$在直线

$$3x-2y-a=0$$

的两侧，求实数a的取值范围.

23.（本题满分14分）某人承揽一项业务，需做文字标牌2个、绘画标牌3个.现有甲、乙两种规格原料，甲种规格每张3 m^2，可做文字标牌1个、绘画标牌2个；乙种规格每张2 m^2，可做文字标牌2个、绘画标牌1个.问两种规格的原料各用多少张，才能使总的用料面积最小？